AMY'S KITCHEN

AMYの私人廚房：你今天喝湯了嗎？

AMY 張美君

日日喝好湯，品嘗幸福好滋味

今天，你想喝什麼湯呢？

對很多人來說，喝湯不只是感到飽足而已，還能感受到家人滿滿的幸福，無論是在冷颼颼的季節或炎熱的夏天，只要可以喝上一碗好湯，疲累的身心靈馬上就能得到舒緩，也因此各式各樣的湯品一直都是 Amy 家中餐桌上必定每天、每餐都會出現的料理。

▌登山或露營也能攜帶，簡單又方便

以前我和先生週末熱愛登山，夏天也常帶著孩子去山上度假、露營或是出去野餐，我總習慣用保溫瓶帶著一碗湯或是熱粥，隨時餓了、冷了都可以吃，馬上感到溫暖無比。

所以「湯」對我們家來說是一年四季都必備的，也是非常實用的，我幾乎每餐都在絞盡腦汁，端出不同的湯品變化，不限於晚餐大家一起聚在一起吃飯時才會煮湯，有時甚至連外出參加活動，或是以前小朋友年紀還小、需要上學時，我也會用保溫湯罐裝一碗湯讓孩子或自己，帶一碗熱呼呼的湯出門，只要簡單搭配麵包吃就解決了一餐，更健康也更營養、便利，讓孩子可以不用每天都吃外面那些含有許多添加物的不健康外食。

▌湯，不只是料理

對我來說，湯不只是代表一種料理，更是我對家人滿滿的愛和牽掛，既暖心又暖胃，溫潤的湯頭和豐富的配料，每一口都讓人有著大大的滿足。尤其台灣一年四季盛產的食材都大不相同，只要跟著季節走，善用各種當令食材來料理，輕輕鬆

鬆就能變化出許多好喝湯品，讓全家人感到滿足又欲罷不能。

▌跟著做，煮湯一點都不難

所以這本書中除了分享了我家餐桌上的各種私房湯品之外，還有台灣人最愛的各種家常、經典的美味湯品，也為了讓上班族媽媽或單身貴族也都能快速 10 分鐘上菜，我還教大家如何在週末事先熬好萬用的 6 款高湯湯底。同時，也和你們分享許多跟煮湯有關的料理小訣竅，像是如何讓湯頭更鮮美、熬湯的食材黃金比例等。幾乎所有你想知道的問題在書中通通都會有解答喔！

此外，因為許多讀者反映，下了班回家很累，實在懶得煮上一桌菜，這些心聲 Amy 也聽到了，所以書中 Part3 的章節教您們將湯品當成正餐，一碗湯裡面有菜、有肉又有澱粉，讓忙碌讀者下班後馬上就能輕鬆享用營養又飽足的一餐。

許多人都以為煮湯的步驟很複雜，其實只要跟著書裡的作法、一起做就一點都不難了，就算是料理新手也可以煲出人人愛喝的好湯，而且，當你不知道今天要煮什麼湯的時候，這本書也可提供你參考。

今晚，就煮一碗湯跟你最愛的人一起分享吧！

張美君♡

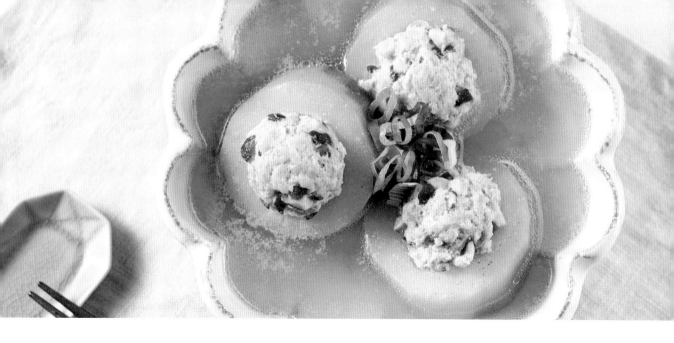

PART 7
用高湯做料理，
營養又美味

PART 1

回家喝湯，
最暖呼呼的幸福滋味

善用技巧把湯煮好，全家人就能圍在一起喝，
無論何時何地都讓人感受到一股滿足。

應選當令食材

要煮好一碗湯，

常上市場購買食材的聰明主婦，都知道買菜就應該儘量選擇當令、當季食材，儘管台灣購買進口食材相當方便，但是當令的食材中通常含有最豐富的營養和最新鮮的滋味。俗語說：冬吃蘿蔔夏吃薑，不用醫生開處方。使用時令蔬果入菜，最是鮮美可口、健康營養。

當令盛產，最益健康

中醫說：萬物皆是順應天地而生長，所以當令食材的營養最多，也最是具有強勁生命力，最能適應氣候環境，自然對於健康最有助益。所以我們平常多吃當令食材，就可以打造身體的平衡狀態，增加身體免疫力。

還有，挑選當令季節盛產、在地的新鮮蔬果來熬湯，也能讓湯品的口感自然鮮甜，不需添加過多的調味料就很好吃，尤其是經常用來熬湯的洋蔥、紅蘿蔔或白蘿蔔等新鮮時蔬，可以提升湯品風味。

▌冬季貯能量、秋季補充水

秋、冬的季節，湯水要足，營養和飽足都可以用湯水來補充，這個季節的湯水可以多選擇滋陰、潤燥的湯，尤其是天氣寒冷的冬天，冬天通常需要貯藏足夠的能

量，又因天氣冷，自然會想多喝暖心又暖身的熱湯和鍋物，像是火鍋、濃湯，以及各種含有中藥滋補的煲湯。

秋季過燥，易損傷人體津液，造成陰津虧虛，所以許多人會感覺口感舌燥，口鼻也特別乾燥、皮膚搔癢過敏等。多進補湯品也能有效抵抗秋燥，搭配盛產的蔬菜，把高麗菜、大白菜、白蘿蔔等放入湯裡燉煮，就是非常鮮甜又有飽足感的一道餐點，還有中藥材溫補的湯品，像是十全藥燉排骨、老菜脯蘿蔔雞湯、蒜香鮮魚湯、冰糖川貝燉梨等也很適合。

▌ 春夏清熱降火、祛濕排毒

正夏天氣悶熱，人會顯得特別沒精神，總覺得身體黏糊糊的，這是濕氣重的表現，春、夏都是濕氣是最重的時候，這時候善用湯品和食療可以幫身體祛濕、降火，預防疾病侵擾！

炎熱時也會因為大量排汗而造成身體缺水，加上沒胃口不想吃飯，這時可以挑選夏季盛產的苦瓜、冬瓜和竹筍等，煮出好喝又能消暑退火湯品，胃口不好推薦可以吃點鹹粥，或是湯泡飯，增加食慾；如果太忙碌、工作壓力大，只想喝湯解決一餐時，湯品中加入有豐富蛋白質的豆腐加上膳食纖維的菇菇及蔬菜，也能快速滿足營養和健康。

▌ 多使用原型食材來煲湯

料理、準備湯品時，我會儘量挑選少加工、沒有添加物，接近食物原樣的食材，營養滿分又好喝，不會增加身體負擔，這樣熬煮的湯品就已經接近成功一大半囉。

採買時除了當令的季節蔬果之外，有一些乾貨，像是昆布、海帶芽、乾蓮子、銀耳和豆類、乾香菇以及各式中藥材等，都是熬湯的好材料，當然新鮮的魚片、肉片、蔥、薑、蒜等，也是常會用上的食材，乾貨和辛香料平常家裡都可以準備一些，這樣隨時就能派上用場。

好高湯的祕密

是熬製

食材黃金比例，

對於很多職業婦女或上班族來說，下班不用太麻煩的準備，就可以喝上一碗熱呼呼的湯，那才是真的享受，雖然在外面購買也很方便，但是外食通常都是高油高鹽，為了要好吃，店家不知道加了多少添加物，經常吃完馬上感到口乾舌燥。要喝上一碗健康又自然的好湯，有這麼難嗎？

先燉一鍋好高湯當作基底

其實餐廳大廚的料理能那麼好吃的祕密，就是用來自於美味的高湯作基礎，高湯是製作各種湯品或料理的基底，煮好高湯底，不管是加入其他豐富配料，或是煮一碗湯麵或鹹粥，都一定好吃，且具有層次，提味增香，不會只有單一的味道，還能節省燉煮料理時間。

大家可以利用週末期間來採買備料，花時間一次熬煮好各式高湯，再分裝入冷凍袋或保鮮盒中冷凍保存，當你下班，或是孩子放學後就能快速完成，與家人一起享用。

▌熬製高湯的黃金比例

熬製高湯的基本時才可以多使用根莖類蔬菜和各種辛香料，搭配新鮮無腥臭味的

豬大骨、牛大骨、雞骨或是魚骨等，變化出不同口味香氣的高湯底。而每一款的高湯都有不同的配料及熬煮時間，建議熬湯材料與水的完美比例大約控制在 1：2 左右，蔬食高湯則為 1：1 最佳。

有時候當我做料理時，削下的有機蔬果皮或是切掉的頭尾，我會捨不得丟，先冰在冰箱裡，等週末再熬上一鍋高湯，讓食材能物盡其用。使用各種動物骨或肉時，可以按照湯品需求來選擇，像是豬骨高湯可選用豬大骨、豬龍骨或尾冬骨等，都適合熬煮高湯；雞高湯可以使用雞骨架、雞爪、雞翅等；蔬食高湯則添加乾香菇、紅或白蘿蔔、黃豆芽或玉米、番茄等，依自己的喜好而定。熬煮好的高湯要稍微放涼後再用濾網濾出清湯，依照每個家庭所需的份量加以分裝冷凍保存，也可以做成冰塊、冰磚等更方便隨時取用；一般來說冷藏高湯建議 3 ～ 4 天內用完，冷凍高湯則 3 ～ 4 周內使用完畢。而濾出剩下的肉末或蔬菜也別浪費，可變化成濃湯或煮入咖哩，讓食材再利用，也能讓料理出的菜色營養加倍。

▌湯品鮮味的祕密：跑活水去腥

高湯的鮮美滋味來自於各種天然食材中的鮮甜甘美成份，只要湯頭鮮美無腥味，再加入喜歡的配料就是一碗好喝的湯品。

如何在熬高湯時更鮮又有層次口感，首先熬煮高湯前一定要將肉、骨頭類先汆燙或是跑活水，汆燙就是放入滾水中幾秒，讓表面蛋白質凝固後撈起，用清水洗去血水與雜質；所謂的「跑活水」就是放入冷水中小火煮，不要煮至過度沸騰，等到幾乎快沸騰時就關火，這就是「跑活水」去腥的步驟，這樣做還能保留鮮甜味。如此燉煮出來的高湯才能鮮美無腥味，多一個工序可以達到去腥提鮮的效果，這也是美味與鮮味的祕訣之一。

還有個鮮味的祕密武器就是最常被使用的乾貨：像是乾香菇、柴魚與小魚乾、海帶 (昆布) 等，裡面都含有鮮味成分，以及天然辛香料如蔥、薑片、蒜頭、月桂葉、八角或胡椒粒等，用來熬湯能增鮮提味，這種天然甜味讓我們在家自己煮湯可以少添加一些調味料或是添加物，也能嚐到更自然的好滋味，減少鹽份攝取的效果，讓大家可以天天喝一碗好湯，享受湯品帶來的滿足感。

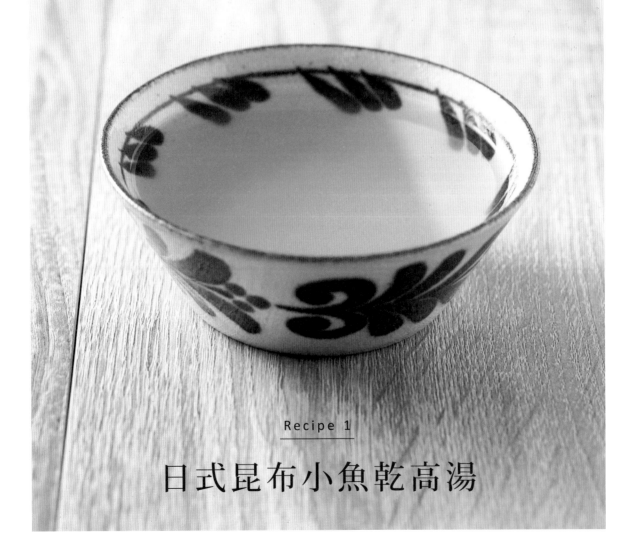

（冷藏保存 4 天、冷凍保存 3～4 週）

週末預先煮好，

6 款高湯基底

Recipe 1

日式昆布小魚乾高湯

回家喝湯，最暖呼呼的幸福滋味

材料

昆布 ……… 30g
柴魚片 ……… 30g
小魚乾 ……… 40g
水 ……… 1500c.c.

4. 湯鍋裡放入水、昆布先浸泡1小時，再放入小魚乾，以小火煮至快沸騰即可熄火。

1. 昆布上的灰塵用紙巾擦拭乾淨。

5. 再放入柴魚片，使其慢慢釋出鮮味；等到湯稍微冷卻，用濾網濾出高湯即可。

2. 小魚乾用水稍微沖洗、濾乾。

3. 昆布邊緣稍微剪開。

好湯小訣竅！

昆布邊緣用剪刀略剪，可以幫助風味釋出，但是切記不可水洗，避免流失鮮甜風味。

（冷藏保存 4 天、冷凍保存 3 ～ 4 週）

Recipe 2

雞骨蔬菜高湯

回家喝湯，最暖呼呼的幸福滋味

材料

雞骨架⋯⋯⋯2 份

雞爪⋯⋯⋯6 支

雞翅⋯⋯⋯4 支

洋蔥⋯⋯⋯1 顆

青蔥⋯⋯⋯2 根

薑片⋯⋯⋯3 片

西洋芹⋯⋯⋯1 根

胡蘿蔔⋯⋯⋯1 根

水⋯⋯⋯2500c.c.

米酒⋯⋯⋯30c.c.

3. 將雞骨架及雞爪、雞翅用熱水汆燙、洗淨，撈出瀝乾。

4. 取一大湯鍋，放入所有食材，注入清水 2500c.c.，以中大火煮滾後撈除表面的浮渣，再加入米酒後蓋上鍋蓋，轉小火燉煮 50 分鐘。

5. 冷卻後再用濾網濾出高湯即可。

1. 洋蔥切半；青蔥捆成束狀。

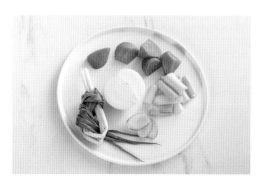

2. 西洋芹切段、胡蘿蔔連皮切塊備用。

好湯小訣竅！

需連皮熬煮的蔬果，儘量挑選安心無毒或有產銷履歷可溯源的，才能吃得更安心！

（冷藏 3 ～ 4 天、冷凍 3 ～ 4 週）

Recipe 3

豬骨鮮味高湯

回家喝湯，最暖呼呼的幸福滋味

材料

豬大骨 ……… 4 大塊（約 1000g）

尾冬骨 ……… 300g

老薑 ……… 3 片

洋蔥 ……… 1 顆

青蔥 ……… 2 根

水 ……… 3000c.c.

米酒 ……… 30c.c.

3. 取一個大湯鍋，放入所有材料，注入 3000c.c. 的水以中大火煮滾，再撈除表面的浮渣，加入米酒。

1. 豬大骨及尾冬骨洗淨，放入鍋裡注入冷水，以小火慢慢加熱，過程中豬骨的血水雜質會釋出，煮到快沸騰的時候即可熄火，取出用清水清洗乾淨、備用。

4. 蓋上鍋蓋轉小火煮 60 ～ 70 分鐘，就能過濾出鮮美高湯了。

2. 老薑切片；青蔥綁好；洋蔥切半，把所有材料準備好。

好湯小訣竅！

豬骨用冷水小火煮，不要煮至過度沸騰，幾乎快沸騰時就關火，這就是「跑活水」去腥的步驟，這樣做還能保留鮮甜味。如果是使用壓力鍋來燉煮，只需高壓燉煮 15 分鐘即完成。

(冷藏 3 ～ 4 天、冷凍 3 ～ 4 週)

Recipe 4

牛骨高湯 (西式萬用高湯)

回家喝湯，最暖呼呼的幸福滋味

材料

牛大骨 ……… 1200g

洋蔥 ……… 1 顆

西洋芹 ……… 2 根

青蔥 ……… 2 根

胡蘿蔔 ……… 1 根

月桂葉 ……… 3 片

薑片 ……… 3 片

蒜粒 ……… 3 瓣

黑胡椒粉 ……… 1 大匙

水 ……… 3000c.c.

3. 將牛大骨先跑活水,去除血水及雜質(作法可參考 P.027 好湯小訣竅)。

1. 洋蔥切半;西洋芹切段;蔥捆成束狀;胡蘿蔔切塊,均備用。

4. 取一個大湯鍋,放入所有材料及清水 3000c.c.,以中大火煮滾,再撈除表面浮渣,蓋上鍋蓋轉小火燉煮 90 分鐘,亦可使用壓力鍋高壓燉煮 20 分鐘。

5. 冷卻後再用濾網濾出高湯即可。

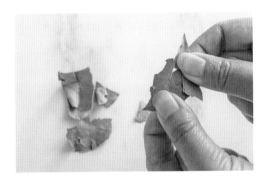

2. 月桂葉略撕,讓香味容易釋出。

好湯小訣竅!

如果喜歡風味更為濃郁一些的牛骨高湯,可先將牛大骨及洋蔥、蒜粒先用烤箱烤上色再去燉煮,滋味更醇厚。

Recipe 5

海鮮高湯（魚高湯）

回家喝湯，最暖呼呼的幸福滋味

材料

魚骨 ……… 600g

薑片 ……… 3 片

青蔥 ……… 1 根

米酒 ……… 30c.c.

水 ……… 1500c.c.

橄欖油 ……… 少許

3． 取一個湯鍋放入所有食材。

1． 將魚骨先放入滾水中汆燙、取出
擦乾。

4． 注入水 1500c.c.，開中大火煮滾，
蓋上鍋蓋轉小火約煮 20 分鐘。

5． 煮好放涼後，將食材濾出就是高
湯了。

2． 魚骨用煎鍋加入少許橄欖油或沙
拉油煎至魚骨表面為金黃色。

好湯小訣竅！

魚骨可以用虱目魚或是鮭魚骨，比
較好購得；用煎的或用烤的都可以，
如果是用烤的，把魚骨平鋪在烤盤
紙上，烤箱 160℃烤 10 分鐘，烤
至魚骨表面金黃色（免預熱可直接
烤上色）。

Recipe 6

蔬食素高湯

回家喝湯，最暖呼呼的幸福滋味

材料

蘋果 ········ 1 顆

胡蘿蔔 ········ 1 根

玉米 ········ 1 根

乾香菇 ········ 3 朵

黃豆芽 ········ 80g

牛番茄 ········ 2 顆

薑片 ········ 2 片

橄欖油 ········ 1 大匙

水 ········ 2000c.c.

3. 注入水 2000c.c. 開中大火煮滾。

1. 將所有食材洗淨，均切大塊。

4. 蓋上鍋蓋，轉小火煮約 40 分鐘，
煮好後將食材濾出就是好喝的蔬
食素湯。

2. 取一個湯鍋放入所有食材及橄欖
油。

好湯小訣竅！

濾出的燉煮後食材可拿來煮濃湯或
咖哩一起食用；高湯加入好油脂一
起熬煮，可幫助蔬食的營養釋出
喔。

PART 2

10 分鐘就完成的
快速湯品

下班回家，想讓親愛的家人趕快吃飽喝足，

快速就煮好的湯，也是餐桌上最重要的靈魂。

Soup 01

野菜豆腐湯

材料（2 人份）

豆腐 ……… 1 盒

季節蔬菜 ……… 150g

青蔥 ……… 1 根

小魚乾 ……… 25g

日式昆布小魚乾高湯 ……… 500c.c

－ 調味料 －

鹽 ……… 適量

芝麻香油 ……… 1 小匙

白胡椒粉 ……… 1/4 小匙

作法

1. 豆腐切小塊；蔬菜洗淨、切段；青蔥切蔥花，
   均備用。

2. 高湯放入鍋中開中火煮滾，加入豆腐及蔬菜、
   小魚乾一起煮軟。

3. 最後加入調味料及蔥花即可。

好好煮湯

季節蔬菜可以運用當季的時蔬，
新鮮、營養又好吃，我個人較喜
歡綠色時蔬，像是小白菜、莧
菜、高麗菜、小松菜均可，在這
道湯裡我使用莧菜。

莧菜加上小魚乾最是對味了！

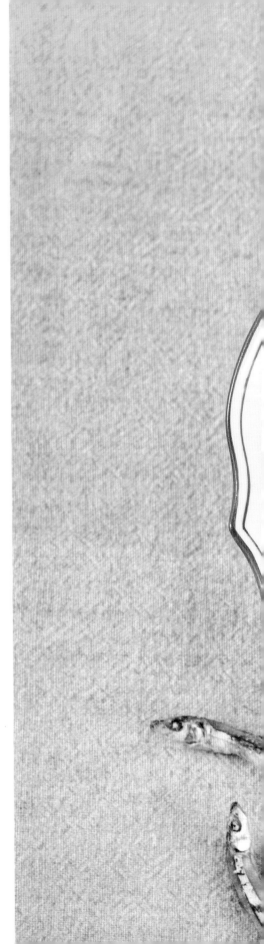

紫菜蛋花湯

材料 （2 人份）

紫菜 ········ 適量 (海帶芽亦可)

雞蛋 ········ 2 顆

青蔥 ········ 1 根

白醋 ········ 1 小匙

雞骨蔬菜高湯 ········ 450c.c.

－調味料－

鹽 ········ 適量

胡椒粉 ········ 1/4 小匙

芝麻香油 ········ 1 小匙

作法

1. 如果是使用海帶芽，先用清水泡開；雞蛋打散成蛋汁，再加入白醋拌勻；青蔥切蔥花，均備用。

2. 準備一個湯鍋，加入高湯以中火煮滾。

3. 加入紫菜或海帶芽再煮滾後淋入蛋汁，撒上調味料、蔥花即完成。

好好煮湯

蛋汁中加入少許的白醋，可以讓蛋花煮起來的形狀更完整、漂亮，也具有去腥提鮮的效果。

鮭魚味噌湯

材料 （2 人份）

鮭魚 ……… 150g

豆腐 ……… 100g

青蔥 ……… 1 根

日式昆布小魚乾高湯 ……… 500c.c

－ 調味料 －

味噌醬 ……… 2 大匙

作法

1. 鮭魚切小塊；豆腐切塊；青蔥切蔥花。

2. 高湯放入鍋中以中火煮滾，放入鮭魚塊及豆腐塊後再煮滾。

3. 魚肉煮熟後熄火，加入味噌醬拌勻，最後撒上蔥花即可。

── 好好煮湯 ──

如果怕味噌醬容易結塊，可以使用濾網和湯匙過篩入鍋中，這樣就不容易結塊；或是把味噌先溶入冷水中拌勻再倒入湯中煮滾。每一種味噌醬的鹹度和甜度、香味稍微不同，可先試試味道後再決定是否加少許鹽或糖調整。

酸白菜肉片湯

材料（2 人份）

酸白菜 ········ 120g

豬肉片 ········ 150g

豆腐 ········ 150g

蒜苗 ········ 適量（可省略）

豬骨鮮味高湯 ········ 600c.c.

－ 調味料 －

米酒 ········ 1 大匙

鹽 ········ 適量

作法

1. 將酸白菜切0.5cm的長條狀；豆腐切小塊；蒜苗切片均備用。

2. 鍋裡先放入酸白菜及豬骨高湯、以中小火煮滾，煮至酸白菜的酸香氣味釋出，再放入豆腐及豬肉片一起煮熟。

3. 煮滾後加入米酒和鹽調味即可，喜歡蒜苗香氣者，熄火前可撒上蒜苗片。

── 好好煮湯 ──

豬肉片可以選擇五花肉片、梅花肉片都可以，帶點油脂的滋味更鮮甜，當然如果是減肥中或是不喜油膩，亦可用瘦肉部分或是火鍋肉片。豆腐使用嫩豆腐或板豆腐、凍豆腐都可以。

塔香蛤蜊薑絲湯

材料 （2 人份）

蛤蜊⋯⋯20 顆

嫩薑⋯⋯1 小塊（約 20g）

九層塔葉⋯⋯適量

魚高湯⋯⋯500c.c.

－調味料－

米酒⋯⋯1 大匙

胡椒粉⋯⋯1/4 小匙

鹽⋯⋯適量

芝麻香油⋯⋯1 小匙

作法

1. 蛤蜊先用鹽水吐沙、洗淨；嫩薑切絲，均備用。

2. 魚高湯放入鍋中煮滾，再放入蛤蜊和薑絲再煮滾。

3. 煮至蛤蜊開口後即可加入調味料，熄火前加入九層塔葉提味即可。

―― 好好煮湯 ――

市售的蛤蜊大多吐過沙，只需再用鹽水進行最後吐沙 1 ～ 2 小時；訣竅是使用約 3% 鹽度的鹽水，蛤蜊儘量以攤平不重疊方式，鹽水高度剛好和蛤蜊齊平，這樣蛤蜊張口即可露出水面，上面可再覆蓋一張報紙，放置於陰涼處，防止水噴及製造陰暗，除外，還能在鹽水中滴入 2 ～ 3 滴食用油或一根生鏽鐵釘幫助蛤蜊吐沙。吐完沙的蛤蜊如果當天沒有下鍋煮，可用保鮮袋綑緊，盡量不要有任何空氣有如真空狀態，蛤蜊可以冷藏保鮮至少 4 至 5 天。

奶香玉米濃湯

材料 （4 人份）

玉米粒罐頭⋯⋯⋯1 罐

玉米醬罐頭⋯⋯⋯1 罐

雞蛋⋯⋯⋯2 顆

雞骨蔬菜高湯⋯⋯⋯200c.c.

鮮奶⋯⋯⋯200c.c.

洋蔥⋯⋯⋯1/2 顆（約 120g）

馬鈴薯⋯⋯⋯1 顆

火腿⋯⋯⋯3 片

─ 調味料 ─

鹽⋯⋯⋯適量

黑胡椒粉⋯⋯⋯適量

作法

1. 洋蔥及火腿切細丁；馬鈴薯去皮後切細丁；雞蛋打散成蛋汁，均備用。

2. 起油鍋放入洋蔥炒至透明狀，再放入馬鈴薯塊拌炒，加入雞高湯煮至馬鈴薯鬆軟，先熄火稍微冷卻後用手持攪拌器打成濃稠狀。

3. 加入玉米粒及玉米醬煮滾拌勻，再加入鮮奶、火腿丁及鹽調味。

4. 過程中需不時攪拌，轉小火後一邊慢慢倒入蛋汁，待蛋汁成型後即可熄火，灑上黑胡椒粉。

小朋友的最愛～

── 好好煮湯 ──

煮湯的過程中需用湯勺不停地攪拌才不會燒焦黏鍋喔。馬鈴薯打成泥的作用不但可以增加香甜濃郁的滋味，也能讓湯濃稠，是最天然的勾芡方式。

番茄蔬菜湯

材料 （2 人份）

大番茄 ········ 2 顆

小白菜 ········ 80g

雞蛋 ········ 1 顆

雞骨蔬菜高湯 ········ 600c.c.

蔥花 ········ 適量

鹽 ········ 適量

作法

1. 大番茄切成塊狀；小白菜切段；雞蛋打散成蛋汁，均備用。

2. 鍋中放入雞高湯、番茄塊煮滾，將番茄煮軟後可用筷子取出番茄皮。

3. 放入小白菜及鹽調味，再次煮滾後轉小火再倒入蛋汁，熄火後灑上蔥花即可。

好好煮湯

若是番茄想先整顆去皮還有個方法，先在底部劃一個十字刀，放入滾水中煮約 10 秒後撈起來，就能很輕易的剝除外皮，去皮後口感較好，如果不介意，連皮一起吃也是可以的唷，營養價值更豐富。

豬血酸菜湯

材料 （2 人份）

豬血 ⋯⋯⋯ 250g

酸菜 ⋯⋯⋯ 100g

韭菜 ⋯⋯⋯ 適量

嫩薑 ⋯⋯⋯ 15g

豬骨鮮味高湯 ⋯⋯⋯ 800c.c.

－ 調味料 －

鹽 ⋯⋯⋯ 適量

胡椒粉 ⋯⋯⋯ 1/4 小匙

作法

1. 將豬血切小塊；酸菜、嫩薑均切絲；韭菜切段，均備用。

2. 將豬骨高湯煮滾後放入豬血塊、酸菜及薑絲煮滾。

3. 煮約 2 分鐘後加入韭菜、調味料即可。

── 好好煮湯 ──

韭菜的份量可以按照個人喜好添加，通常兩人大約使用 1 ～ 2 株就可以，如果喜歡韭菜風味的，多加一些也無妨。

GOOD ME

百菇鮮蔬湯

材料（2 人份）

鴻喜菇………1/2 包

美白菇………1/2 包

鮮香菇………3 朵

青菜………適量

胡蘿蔔片………5 片

玉米筍………3 根

蔬食素高湯………600c.c.

－調味料－

鹽………適量

作法

1. 鴻喜菇及美白菇切去蒂部、剝成小束狀；鮮香菇切片；蔬菜切段，均備用。

2. 將高湯煮滾後放入玉米筍、胡蘿蔔片及菇類，煮軟後再加入蔬菜。

3. 最後加入鹽調味即可。

好好煮湯

菇類可以換成各種自己喜歡的菇，多加幾種也沒關係唷，這道湯品我做成素食者可食用，所以使用了素高湯，如果吃葷食者，也可用雞骨蔬菜高湯或是牛骨鮮味高湯，滋味更濃郁。

泡菜黃豆芽湯

材料 （2人份）

黃豆芽········ 100g

韓式泡菜········ 100g

牛骨高湯········ 600c.c.

蔥花········ 適量

－調味料－

鹽········ 適量

作法

1. 高湯開中小火煮滾後、放入泡菜及黃豆芽一起煮。

2. 煮約2分鐘後加入鹽調味即可。

3. 最後撒上蔥花就能享用美味了。

┌── 好好煮湯 ──

這道湯品是韓國很常見的家常湯，加入滿滿的豆芽菜，用來醒酒也很適合喔，如果家裡有鰻魚高湯包的主婦們，使用鰻魚高湯也很適合唷；喜歡吃辣者，可以加入韓式辣椒醬或辣椒粉；嗜肉者，也可加一些牛肉火鍋肉片。

Soup 11

麻油香豬肝湯

10 分鐘就完成的快速湯品

Soup 12

酸辣湯

材料 （2人份）

豬肝 …… 200g

薑絲 …… 20g

米酒 …… 1 大匙

水 …… 600c.c.

黑麻油 …… 2 大匙

枸杞 …… 1 大匙

－ 調味料 －

鹽 …… 2 小匙

－ 醃料 －

鮮奶 …… 30c.c.

鹽 …… 1 小匙

米酒 …… 1 大匙

作法

1. 將豬肝洗淨切成薄片 (約 0.5 公分厚度)，用醃料抓醃約 15 分鐘後洗淨備用。

2. 取一個湯鍋放入水及枸杞及鹽，煮滾，為高湯備用。

3. 另外取一個平底鍋倒入 1 大匙黑麻油及薑絲，開小火慢慢煸出香氣。

4. 轉中火加入豬肝快炒約 1 分鐘，倒入作法 2 的高湯即可熄火，利用餘溫燜泡豬肝會更軟嫩。

5. 淋上少許的黑麻油就完成囉。

___ 好好煮湯 ___

許多人不愛吃豬肝是因為怕腥味，或是怕煮後口感過硬，但只要使用鮮奶醃豬肝 15 分鐘，就能去腥提鮮，還能讓豬肝的口感更加軟嫩，如果天氣太熱擔心鮮奶壞掉，放在冷藏中醃也可以唷。

材料 （4 人份）

豬肉絲 ……… 80g

筍子 ……… 50g(熟竹筍或酸筍)

黑木耳 ……… 50g

板豆腐 ……… 80g

鴨血 ……… 100g

蛋汁 ……… 1 顆

蔥花 ……… 適量

豬骨鮮味高湯 ……… 700c.c.

太白粉水 ……… 50g

－ 豬肉醃料 －

醬油 ……… 1 小匙

白胡椒粉 ……… 1/4 小匙

芝麻香油 ……… 1 小匙

太白粉 ……… 2 小匙

－ 調味料 －

醬油 ……… 1.5 大匙

烏醋 ……… 1 大匙

白醋 ……… 2 大匙

白胡椒粉 ……… 1 小匙

鹽 ……… 少許

芝麻香油 ……… 1 大匙

作法

1. 豬肉、筍子、黑木耳、板豆腐、鴨血均切絲；豬肉絲用醃料抓醃 20 分鐘，用熱水把所有切絲食材分別汆燙至熟，撈起備用。

2. 取一個湯鍋放入高湯煮滾，再放入汆燙好的食材煮滾，轉小火煨煮 3~5 分鐘，加入醬油、白醋、鹽及白胡椒粉調味。

3. 倒入太白粉水快速拌勻，再倒入蛋花靜置成形，最後加入烏醋、芝麻香油、蔥花即完成。

好好煮湯

我個人喜歡酸辣湯更酸一些，所以湯頭可多加一些白醋，如果喜歡辣一些，就多加些白胡椒粉，或淋一些辣油增添風味，也可以使用烏醋喔，烏醋加熱後有一種獨特香氣。

大黃瓜鑲肉湯

材料 （3 人份）

大黃瓜 ……… 1 根

豬絞肉 ……… 300g

豬骨鮮味高湯 ……… 800c.c.

乾香菇 ……… 5 朵

蔥花 ……… 適量

－調味料－

鹽 ……… 適量

芝麻香油 ……… 適量

－餡料調味－

醬油 ……… 1 大匙

鹽 ……… 1/2 大匙

味霖 ……… 1 大匙

米酒 ……… 1 大匙

胡椒粉 ……… 1 小匙

太白粉 ……… 1 大匙

作法

1. 乾香菇泡軟、切細丁；大黃瓜去皮、切小圓狀，去籽，均備用。

2. 豬絞肉加入餡料調味，用筷子以順時針方式拌勻，再加入乾香菇及蔥花拌均勻至有黏性，取適量的餡料填入大黃瓜中。

3. 取一個淺湯鍋放入大黃瓜鑲肉及豬骨高湯以中火煮滾。

4. 煮至大黃瓜軟透，加入少許的鹽、香油調味，灑上蔥花即可享用。

好好煮湯

填餡料時，可以在大黃瓜內側稍微抹上一點太白粉，增加黏性，餡料比較不易掉出；大黃瓜鑲肉也可以在前一天做好放冷藏，隔天就能直接下鍋煮湯，這個餡料的配方也可以拿來包餛飩或餃子喔。

三個丸子恰恰好

PART 3

回家太晚，
可以直接當晚餐

搭配米飯一起吃，或是做成湯蓋飯，
有菜有肉好營養，加麵也能當一餐。

Soup 01

海鮮飯湯

材料 （1 人份）

白飯 ……… 1 大碗

鮪魚肉 ……… 100g

筍絲 ……… 50g

櫻花蝦（先炒香） ……… 1 大匙

油蔥酥 ……… 適量

蝦仁 ……… 5 尾

豬骨鮮味高湯 ……… 500c.c.

芹菜珠 ……… 1 大匙

－調味料－

鹽 ……… 適量

胡椒粉 ……… 少許

作法

1. 將鮪魚、筍絲、蝦仁分別放入高湯中燙熟；高湯煮滾後加鹽調味，均備用。

2. 準備一個大碗放入白飯，依序放入鮪魚肉、櫻花蝦、蝦仁、筍絲及油蔥酥。

3. 淋上剛煮滾的豬大骨高湯，灑上芹菜珠、胡椒粉即可。

───── 好好煮湯 ─────

櫻花蝦用少許油炒至焦香口感酥脆又好吃，也可以換成炸蝦猴，也非常好吃。

鮭魚茶泡飯

材料 （1人份）

鮭魚 …… 100g

白飯 …… 1 碗

日式昆布小魚乾高湯 …… 150c.c.

日式茶包 …… 1 包

蛋皮絲 …… 適量

日式茶漬香鬆 …… 1 大匙

海苔絲 …… 適量

蔥花 …… 適量

－ 調味料 －

昆布醬油 …… 1 小匙

作法

1. 將鮭魚煎至金黃色，撥成大塊。

2. 茶包先泡成茶湯，加入日式高湯、昆布醬油煮勻。

3. 白飯灑上香鬆、蛋皮絲，放上鮭魚片後淋上茶高湯，最後灑上海苔絲、蔥花即可。

好好煮湯

鮭魚帶有豐富油脂，最適合茶泡飯了，但如果喜歡虱目魚肚也可以使用虱目魚肚煎至金黃色代替；香鬆用的是茶泡飯專用的日式茶漬香鬆唷。

絲瓜蛋湯麵線

材料 （2人份）

絲瓜 ……… 1 條

雞蛋 ……… 2 顆

麵線 ……… 2 人份

雞骨蔬菜高湯 ……… 600c.c.

蒜末 ……… 1/2 大匙

九層塔葉 ……… 適量

蔥花 ……… 少許

－ 調味料 －

鹽 ……… 適量

芝麻香油 ……… 1 大匙

作法

1. 將絲瓜去皮後切塊；雞蛋打散成蛋汁。

2. 麵線放入另一鍋熱水中煮軟，盛入碗中備用。

3. 炒鍋放入芝麻香油，中火熱鍋後，倒入蛋汁炒至半熟、推至鍋邊，再放入蒜末炒香，加入絲瓜拌炒後再加入雞高湯煮滾，蓋上鍋蓋小火煮 3 分鐘。

4. 絲瓜蛋湯加入鹽、九層塔葉、蔥花，即可淋在煮好的麵線上享用了。

好好煮湯

九層塔葉只是增香調色用，只用少許就可以了，如果家中剛好沒有，也可以不放。

番茄蛋泡飯

材料 （1 人份）

大番茄 ……… 2 顆

雞蛋 ……… 1 顆

白飯 ……… 1 碗

鴻喜菇 ……… 半包

豆腐 ……… ¼ 盒

豬骨鮮味高湯 ……… 300c.c.

蔥花 ……… 適量

－調味料－

鹽 ……… 適量

作法

1. 將大番茄底部劃十字，放入熱水中汆燙後剝除外皮，再切成塊狀；雞蛋打散成蛋汁；鴻喜菇切去底部剝小朵；豆腐切丁，均備用。

2. 熱油鍋，放入蛋汁炒至半熟、起鍋；再放入鴻喜菇及番茄炒軟，加入豆腐及高湯煮滾。

3. 最後放入半熟蛋、蔥花即可淋在白飯上。

好好煮湯

這道番茄蛋泡飯變化很多唷，素食者可以把高湯使用素高湯，不添加蔥花就可以了；需要補充蛋白質的，加些豬肉片或是雞胸肉也可以的唷。

韓式年糕湯

材料 （1人份）

韓式年糕 ……… 100g

雞蛋 ……… 1 顆

日式昆布小魚乾高湯 ……… 350c.c.

蔥花 ……… 適量

蒜泥 ……… 1 小匙

海苔絲 ……… 少許

－調味料－

醬油 ……… 1 小匙

鹽 ……… 適量

作法

1. 雞蛋打散成蛋汁。

2. 準備一個小湯鍋，倒入高湯煮滾。

3. 放入年糕煮至浮起，加入醬油、蒜泥、鹽調味。

4. 倒入蛋汁煮至成形，熄火後灑上蔥花、海苔絲即可。

—— 好好煮湯 ——

這道年糕湯作法非常簡單，淡淡的滋味相當美妙，年糕可以用片狀或是年糕條都可以，如果喜歡泡菜酸味，加些泡菜或是韓式辣椒醬也很好吃唷。

小卷米粉湯

材料（1 人份）

小卷 ……… 2 尾

米粉 ……… 80g

青蔥 ……… 1 根

芹菜珠 ……… 1 大匙

油蔥酥 ……… 1 大匙

豬骨鮮味高湯 ……… 500c.c.

－ 調味料 －

鹽 ……… 適量

胡椒粉 ……… 少許

芝麻香油 ……… 1 大匙

作法

1. 米粉用水泡軟、瀝乾；蔥白、蔥綠均切末；小卷洗淨，均備用。

2. 開中火熱鍋，倒入芝麻香油爆香蔥白，小卷下鍋煎至上色後取出備用，原鍋倒入高湯煮滾。

3. 加入米粉、小卷、蔥綠及少許鹽調味，熄火前加入芹菜珠、油蔥酥、胡椒粉即完成。

好好煮湯

芹菜珠就是芹菜切細末，若是喜歡芹菜香氣者，可以多加一些。

Soup 07

浮水花枝羹湯麵

回家太晚，可以直接當晚餐

Soup 08

麻油雞肉湯飯

材料 （2 人份）

花枝 ……… 100g

花枝漿 ……… 100g

白蘿蔔片 ……… 100g

紅蘿蔔片 ……… 50g

柴魚片 ……… 10g

芹菜珠 ……… 1 大匙

九層塔葉 ……… 適量

麵條 ……… 2 人份

海鮮高湯 ……… 800c.c.

太白粉水（勾芡）……… 45c.c.

－ 調味料 －

鹽 ……… 2 小匙

胡椒粉 ……… 少許

沙茶醬 ……… 適量

芝麻香油 ……… 1 小匙

作法

1. 花枝切小片；蘿蔔切薄片；麵條放入滾水中煮熟、撈起放入碗中，均備用。

2. 取一個湯鍋，放入海鮮高湯、白蘿蔔片、紅蘿蔔片一起煮滾，轉小火再分次加入花枝漿，煮至浮起後再加入花枝，轉中火再次煮滾。

3. 加入柴魚片、鹽調味，再加入太白粉水勾芡，熄火前加入胡椒粉、芹菜珠、九層塔葉、芝麻香油。

4. 將浮水花枝羹湯盛起倒入麵上，加入少許沙茶醬提味即可。

好好煮湯

花枝漿可以買市售火鍋用的冷藏、冷凍花枝漿最方便，如果要自己做，可以把花枝去除硬邊和薄膜後，與冰塊分次加入調理機中拌打，加入少許太白粉和鹽等，打成泥漿狀即可。

材料（2人份）

去骨雞腿肉⋯⋯⋯1 隻

薑片⋯⋯⋯20g

杏鮑菇⋯⋯⋯1 根

枸杞⋯⋯⋯適量

白飯⋯⋯⋯2 碗

－調味料－

米酒⋯⋯⋯300c.c.

麻油⋯⋯⋯1 大匙

作法

1. 去骨雞腿肉汆燙、取出切塊；杏鮑菇切片；枸杞泡米酒 2 大匙，均備用。

2. 以中火熱鍋，放入麻油及薑片，轉小火煸出香氣，再加入雞肉塊拌炒上色。

3. 加入杏鮑菇、米酒及枸杞，轉中火煮至酒精揮發。

4. 轉小火續煮約 3 ～ 5 分鐘即可淋在熱騰騰的白飯上一起享用。

－ 好好煮湯 －

使用全米酒的滋味鮮甜濃郁，但如果比較不習慣全酒的味道或是酒量不佳，亦可以使用一半的雞骨蔬菜高湯取代一半米酒，各用 150c.c.。

韓式辣牛肉湯飯

材料 （1 人份）

牛肉片 ……… 100g

黃豆芽 ……… 20g

洋蔥絲 ……… 50g

蒜末 ……… 1 小匙

薑末 ……… 1 小匙

白蘿蔔片 ……… 30g

鴻喜菇 ……… 1/2 包

日式昆布小魚乾高湯 ……… 400c.c.

白飯 ……… 1 碗

－ 調味料 －

韓式味噌醬 ……… 1/2 大匙

韓式辣椒醬 ……… 1 大匙

芝麻香油 ……… 1 大匙

醬油 ……… 1 大匙

黑胡椒粉 ……… 少許

作法

1. 取一個淺湯鍋，倒入芝麻香油以中火熱鍋，加入蒜末、洋蔥絲、薑末炒出香氣。

2. 再放入牛肉片及調味料拌勻，加入白蘿蔔片、黃豆芽、鴻喜菇拌炒，再加入高湯煮滾。

3. 大約煮 5 ～ 8 分鐘，加入蔥段即完成，白飯搭辣牛肉湯一起享用吧！

好好煮湯

辣牛肉湯是國人很常吃的韓式解酒湯，熱呼呼的軟嫩牛肉，相當美味，我這裡是使用牛肉片，所以煮的時間很快，如果用牛肋條就要用壓力鍋或是湯鍋燉煮 30 ～ 40 分鐘才夠軟嫩。這裡用到的韓國味噌醬就是平常大醬湯使用的味噌醬。

日式湯咖哩

材料（2人份）

去骨雞腿肉………1 片

馬鈴薯………1 顆

洋蔥………1/2 顆

紅蘿蔔………1/3 根

綠花椰菜………適量

玉米筍………6 根

彩椒………1/2 顆

雞骨蔬菜高湯………400c.c.

白飯………2 碗

－調味料－

咖哩塊………25g

咖哩粉………2 小匙

鹽………適量

作法

1. 洋蔥、紅蘿蔔、彩椒均切丁；馬鈴薯去皮、切丁；雞肉切塊；綠花椰菜撕小朵，與玉米筍一起放入滾水中汆燙、撈起，均備用。

2. 起油鍋，放入雞肉塊煎至金黃上色、起鍋備用，原鍋放洋蔥炒至透明狀，加入咖哩粉炒香，再加入紅蘿蔔丁、馬鈴薯丁及高湯煮滾，轉小火蓋上鍋蓋煮 8～10 分鐘。

3. 放入雞肉塊煮約 5 分鐘，加入咖哩塊拌勻，最後加入彩椒及蔬菜一起煮軟即可。

好好煮湯

試試味道如果不夠鹹度，可以加少許鹽調味。這道咖哩除了搭白飯一起吃，搭配烏龍麵也是很對味的喔。

PART 4

細火慢燉，
全家人都愛喝的美味煲湯

耐著性子細細熬著，香氣瀰漫在家中，
等湯煮好了，全家人都可以圍在一起享用。

剝皮辣椒竹筍雞

分兩次加

材料 （4 人份）

土雞肉塊 ········ 600g

竹筍 ········ 250g

剝皮辣椒 ········ 1/2 罐

乾香菇 ···· 5 朵 (中小朵)

薑片 ········ 3 片

水 ········ 1800c.c.

－ 調味料 －

鹽 ········ 適量

作法

1. 將雞肉塊用滾水汆燙、洗淨；乾香菇用冷水泡開；去殼的竹筍切片，均備用。

2. 準備一湯鍋，放入竹筍、雞肉塊、薑片、乾香菇及一半的剝皮辣椒及半罐的醬汁，加入水以中火煮滾。

3. 蓋上鍋蓋轉小火慢燉 40 分鐘，煮至雞肉軟嫩，再放入剩餘的剝皮辣椒一起煮，再加入少許的鹽做調味即可。

好好煮湯

剝皮辣椒分兩次添加，這樣可以讓雞肉燉煮入味，也能保有部分剝皮辣椒的脆度和辣度。

豬肚胡椒雞

豬肚先不汆燙

材料 （4 ～ 6 人份）

土雞塊 ……… 1/2 隻 (約 900g)

豬肚 (汆燙) …… 500g

水 ……… 2500c.c.

枸杞 ……… 15g

白胡椒粉 ……… 適量

－ 調味料 －

鹽 ……… 適量

米酒 ……… 50c.c

－ 中藥包 －

紅棗 ……… 5 顆

黨蔘 ……… 25g

黃耆 ……… 20g

淮山 ……… 50g

白胡椒粒 ……… 30g

作法

1. 雞肉塊用熱水汆燙去除血水、洗淨；生豬肚切成適當的條狀後放入滾水汆燙。

2. 白胡椒粒先用乾鍋炒香再敲碎、紅棗去籽、藥材用清水沖一下去除雜質，將白胡椒粒、黃耆、黨蔘用濾包袋裝好。

3. 取 1 個湯鍋，放入豬肚及中藥包及米酒和水煮滾，再蓋上鍋蓋轉小火燉煮 30 分鐘，再加入雞肉塊、淮山及紅棗一起燉煮約 35 分鐘。

4. 煮至豬肚及雞肉軟嫩，加入枸杞及入少許的鹽調味即完成。湯頭喜歡口味辣一些可再加白胡椒粉調味。

___ 好好煮湯 ___

豬肚的清理方式，先將新鮮豬肚剪去肥油及髒污部份，兩面刷洗乾淨，放入 1 大匙鹽反覆搓，再加入 2 大匙麵粉或檸檬皮搓揉，再用清水洗淨 (反覆搓揉可去除黏液及腥臭味)、再用滾水 (滾水中可放蔥、薑、米酒 1 大匙) 汆燙後再次洗乾淨即可料理。

蓮藕薏仁排骨湯

排骨先氽燙

薏仁先浸泡 1 小時

材料 （4 人份）

排骨 ……… 300g
蓮藕 ……… 200g
山藥 ……… 150g
薏仁 ……… 50g
薑片 ……… 3 片
水 ……… 1800c.c
蔥花 ……… 適量

－ 調味料 －

鹽 ……… 適量

作法

1. 薏仁洗淨，用清水預先浸泡 1 小時；排骨用熱水氽燙後洗淨；山藥去皮後切塊；蓮藕刷洗乾淨、切塊。

2. 取一個湯鍋放入排骨、蓮藕、薏仁及薑片、加入 1800c.c. 的水以中火煮滾、蓋上鍋蓋轉小火慢燉 50 分鐘。

3. 開蓋後再加入山藥續煮 10 分鐘，熄火前加入鹽及蔥花即可享用。

好好煮湯

蓮藕是否需去皮可視個人喜好，但燉煮蓮藕時要避免使用鐵鍋，因為蓮藕富含多酚氧化酶，容易與鐵離子結合而形成藍黑色物質，煮後會變黑，建議用陶土鍋或不銹鋼鍋為佳。

酸菜老鴨湯

酸菜洗淨、切片

鴨肉先汆燙

材料（4 人份）

鴨肉 ········· 900g
酸菜 ········· 300g
薑片 ········· 20g
水 ········· 2500c.c

－調味料－
鹽 ········· 適量
米酒 ········· 2 大匙

作法

1. 鴨肉塊用滾水汆燙、洗淨；酸菜用清水洗淨、切片，均備用。

2. 取電鍋內鍋放入鴨肉、薑片和 2500c.c. 的水、外鍋放 2 米杯水煮至開關跳起。

3. 再加入酸菜、米酒和少許的鹽調味，外鍋再放 0.5 米杯水續煮至開關跳起即可。

好好煮湯

想不到酸菜老鴨湯的作法如此簡單吧?! 正統的老鴨湯必須用老土鴨才滋補，但若是不好找，用一般的番鴨也可以。

老菜脯蘿蔔排骨湯

 蒜頭要連皮一起

青春菜脯就是一般醃漬一年的蘿蔔乾

材料 （4人份）

排骨 ……… 900g

白蘿蔔 ……… 350g

老菜脯 ……… 50g

青春菜脯 ……… 60g

帶皮蒜頭 ……… 10 瓣

枸杞 ……… 1 大匙

水 ……… 2500c.c.

－ 調味料 －

米酒 ……… 20c.c.

白胡椒粉 ……… 1 小匙

作法

1. 排骨放入滾水汆燙、洗淨；青春菜脯及老菜脯先洗淨；白蘿蔔去皮、切塊；帶皮蒜頭拍裂，均備用。

2. 取一湯鍋，放入老菜脯及青春菜脯、薑片、帶皮蒜頭，加入 2500c.c. 的水煮滾約 3 分鐘，再加入排骨一起煮滾，蓋上鍋蓋轉小火慢燉 45 分鐘即可。

3. 開蓋加入白蘿蔔塊續煮 15 分鐘，煮至蘿蔔熟透，最後加入枸杞、米酒、白胡椒粉調味即可。

好好煮湯

使用電鍋燉煮也可以。老菜脯我使用的是優良廠商處理過的，如果是在老街或是市場購買的傳統老菜脯，要特別注意清洗唷。

黑豆燉雞爪湯

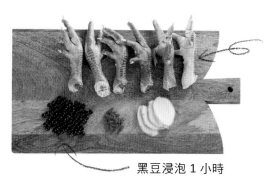

先幫雞爪剪去指甲

黑豆浸泡 1 小時

材料 （4 人份）

雞爪 ········ 800g
黑豆 ········ 250g
薑片 ········ 3 片
水 ········ 2000c.c.

－調味料－

米酒 ········ 30c.c.
鹽 ········ 適量

作法

1. 黑豆洗淨，用水浸泡約 1 小時；雞腳用
   熱水先汆燙、再用清水沖洗去除雜質，
   均備用。

2. 取一湯鍋放入雞爪、黑豆、薑片，加入
   2000c.c. 的水煮滾，蓋上鍋蓋轉小火慢燉
   60 分鐘。

3. 打開鍋蓋後加入米酒、鹽調味即可。

─ 好好煮湯 ─

這道湯燉煮時間可視個人喜歡的軟嫩口感做調整，亦可使用電鍋燉煮，外鍋兩米杯
水，等電鍋跳起後再燜半小時；不喜歡吃雞爪的，使用豬腳也可以唷！

茶香蘋果燉雞

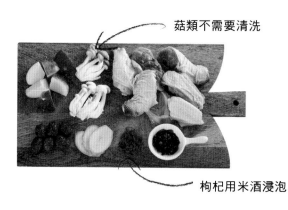

菇類不需要清洗

枸杞用米酒浸泡

材料 （4 人份）

雞肉塊‧‧‧‧‧‧‧‧800g

蘋果‧‧‧‧‧‧‧‧250g

美白菇‧‧‧‧‧‧‧‧1 包

鴻喜菇‧‧‧‧‧‧‧‧1 包

鐵觀音‧‧‧‧‧‧‧‧30g（或凍頂烏龍茶）

薑片‧‧‧‧‧‧‧‧3 片

紅棗‧‧‧‧‧‧‧‧6 顆

枸杞‧‧‧‧‧‧‧‧1 大匙

水‧‧‧‧‧‧‧‧2000c.c.

－調味料－

米酒‧‧‧‧‧‧‧‧1 大匙

鹽‧‧‧‧‧‧‧‧適量

作法

1. 雞肉塊先用滾水汆燙、洗淨；鴻喜菇、美白菇底部切掉、剝成小朵；挑選無打蠟的蘋果洗淨後去籽、切塊；茶葉裝入濾包或使用茶包；枸杞用米酒泡開，均備用。

2. 取一個湯鍋放入雞肉塊、蘋果、茶葉包、薑片、紅棗及 2000c.c. 的水，中火煮滾後蓋上鍋蓋，轉小火煮 35 分鐘。

3. 打開鍋蓋取出茶包或茶葉，再加入鴻喜菇、美白菇、枸杞煮 5 分鐘，最後加鹽調味即可。

好好煮湯

結合當季水果的湯品，是近年來最夯的。亦可用電鍋蒸煮，外鍋放 2 米杯水、跳起後取出茶包，再放入鴻喜菇、美白菇及枸杞，外鍋再加少許水煮 5 分鐘即可加鹽調味。

十全藥燉排骨湯

中藥用清水稍微沖洗

排骨要先汆燙

材料（4～6人份）

排骨 ……… 900g
十全大補藥膳包 ……… 1份
水 ……… 2500c.c.

－調味料－
紹興酒 ……… 100c.c.

作法

1. 排骨用滾水汆燙、洗淨；藥膳包用清水稍微沖一下。

2. 取一湯鍋，放入十全大補藥膳包，紹興酒和 2500c.c. 的水以中大火煮滾。

3. 再放入排骨，蓋上鍋蓋轉小火慢燉 1 小時即可。

─── 好好煮湯 ───

十全藥膳可以自己搭配，主要的藥材是黨參、炙黃耆、炒白朮、酒製白芍、茯苓各 10 克，加上肉桂 3 克、熟地、當歸各 15 克，炒川芎、炙甘草各 6 克，可補氣、血，全家人都能喝唷。

鳳梨苦瓜雞

雞肉先汆燙

蔭鳳梨也可以加點醃漬醬汁

材料 （4 人份）

雞肉塊‧‧‧‧‧‧‧900g

苦瓜‧‧‧‧‧‧‧1 條

新鮮鳳梨‧‧‧‧‧‧‧120g

蔭鳳梨‧‧‧‧‧‧‧120g

小魚乾‧‧‧‧‧‧‧25g

薑片‧‧‧‧‧‧‧3 片

水‧‧‧‧‧‧‧2000c.c.

－ 調味料 －

米酒‧‧‧‧‧‧‧1 大匙

作法

1. 雞肉塊先汆燙、洗淨；小魚乾稍微清洗、瀝乾；苦瓜及鳳梨均切塊，備用。

2. 準備一湯鍋、依序放入雞肉塊、小魚、蔭鳳梨醬片及水，使用中大火煮滾。

3. 蓋上鍋蓋轉小火燜煮 20 分鐘後開蓋，放入新鮮鳳梨及苦瓜續煮 15 分鐘後再加入米酒提味即可熄火。

好好煮湯

因為蔭鳳梨有鹹味，所以湯的鹹度可先試試看再決定是否加鹽。苦瓜囊有豐富營養元素也可以保留一起燉煮，但如果是怕苦味者，可以刮除苦瓜籽囊，再汆燙一下去除苦味。

四物美顏湯

鴻禧菇不需清洗

雞肉先汆燙

材料 （4 人份）

雞腿切塊 ……… 600g
四物中藥包 ……… 1 份
鴻喜菇 ……… 1 包
水 ……… 1500c.c.

－ 調味料 －
米酒 ……… 1 大匙

作法

1. 雞肉塊先汆燙、洗淨；鴻喜菇去除底部、剝小朵；中藥材用清水先沖洗一下，均備用。

2. 取一燉鍋放入 1500c.c. 的水、加入四物中藥包及米酒中大火煮滾，蓋上鍋蓋轉小火煮 10 分鐘，先煮好藥膳湯底。

3. 再放入汆燙好的雞腿肉塊續煮 30 分鐘，加入鴻喜菇煮約 2 分鐘即可。

好好煮湯

四物中藥包可以在中藥房或是超市購買，通常裡面會有杜仲、黑棗、炒白芍、熟地、黨參、黃耆、枸杞、當歸、川芎等中藥材。

蒜香鮮魚湯

蛤蜊需先吐沙

鮮魚要用鹽、米酒稍微醃漬

材料 （4人份）

鮮魚 ……… 1 尾 (約 350g)

蒜頭 ……… 10 瓣

蛤蜊 ……… 15 顆

娃娃菜 ……… 3 顆

青蔥 ……… 1 根

薑片 ……… 2 片

海鮮高湯 ……… 1000c.c.

－調味料－

米酒 ……… 1 大匙

鹽 ……… 適量

白胡椒粉 ……… 1 小匙

作法

1. 鮮魚洗淨擦乾，魚身兩面劃刀並抹上少許鹽及米酒 (份量外)，靜置 5 分鐘後用清水沖洗釋出的黏液，再用紙巾擦乾；蛤蜊先吐沙；青蔥切成蔥花；娃娃菜洗淨，均備用。

2. 取一淺湯鍋，加入 1 大匙油且熱鍋，放入魚及去皮蒜頭煎至上色後先起鍋。

3. 原鍋用娃娃菜鋪底，再依序放上魚及蒜頭、海鮮高湯煮滾，蓋上鍋蓋轉小火續煮 8 分鐘，煮至魚肉熟了再放入蛤蜊、米酒。

4. 蛤蜊煮至開口後，加入少許的鹽、白胡椒粉及蔥花即可。

好好煮湯

鮮魚可以用鱸魚、石斑魚、白肉魚等，用鹽、米酒醃漬過，可讓魚肉更緊實，也有去腥、提鮮的效果。

冰糖川貝燉梨

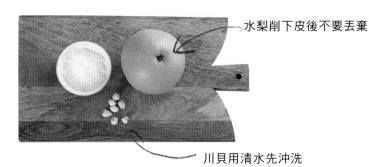

水梨削下皮後不要丟棄

川貝用清水先沖洗

材料 （4 人份）

水梨‧‧‧‧‧‧‧‧ 1 顆 (約 150g)

川貝‧‧‧‧‧‧‧‧ 3g

水‧‧‧‧‧‧‧‧ 100c.c.

－調味料－

冰糖‧‧‧‧‧‧‧‧ 1 大匙

作法

1. 水梨洗淨、去皮備用，上面 1/5 削下來
   當蓋子，再將水梨中間的籽挖出。

2. 川貝洗淨，與冰糖一起填入水梨中間，
   將水梨皮放入碗中鋪底，再放上水梨倒
   入水 100c.c. 。

3. 把湯碗放入電鍋裡，外鍋放兩杯水，煮
   至電鍋跳起後再燜 15 分鐘即可。

─── 好好煮湯 ───

秋天就是要多吃這道止咳清肺的甜品，溫熱著吃效果最好唷。水梨的果皮營養價值
高，可一起燉煮食用更佳。

桃膠銀耳蓮子湯

材料 （4 人份）

桃膠 ……… 10 顆

銀耳 (白木耳) ……… 2 大朵

蓮子 ……… 50g

枸杞 ……… 1 大匙

水 ……… 600c.c.

－ 調味料 －

冰糖 ……… 適量

作法

1. 桃膠用水泡開後洗淨；銀耳及蓮子洗淨、泡開 (約 2 小時)。

2. 準備電鍋內鍋，放入桃膠、銀耳、蓮子，加水 (水量可依喜好增減)。

3. 將內鍋放至電鍋，外鍋放 3 米杯水蒸煮，跳起後放入枸杞及冰糖調味即可。

好好煮湯

桃膠需浸泡一晚 (約 12 ～ 15 小時) 才能泡開，泡開後要仔細去除雜質；如果喜歡口感像飲品一樣濃稠滑順，蒸煮好可用攪拌器稍微打碎。

牛蒡蛤蜊排骨湯

用排骨或雞肉都可以

牛蒡不需要去皮

材料 （4 人份）

排骨⋯⋯⋯600g
牛蒡⋯⋯⋯1/2 根
薑片⋯⋯⋯3 片
蛤蜊⋯⋯⋯15 顆
枸杞⋯⋯⋯1 大匙
水⋯⋯⋯1800c.c.

－調味料－

米酒⋯⋯⋯1 大匙
鹽⋯⋯⋯適量

作法

1. 排骨用滾水汆燙、洗淨；牛蒡表面刷洗乾淨後切成滾刀狀；蛤蜊吐沙、洗淨，均備用。

2. 準備一個燉鍋放入排骨、牛蒡、薑片，加入的水開中火煮滾，蓋上鍋蓋轉小火燉煮約 40 分鐘。

3. 開蓋後加入蛤蜊、枸杞、米酒、蛤蜊煮至開口即可。

好好煮湯

牛蒡的表皮營養價值高，切開後容易氧化建議切好馬上下鍋煮，更能保留營養不流失！

老菜脯仙草雞湯

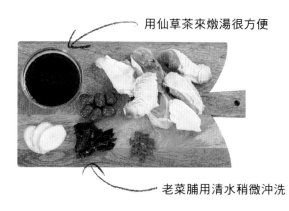

用仙草茶來燉湯很方便

老菜脯用清水稍微沖洗

材料 （4 人份）

雞肉 ……… 1200g

老菜脯 ……… 50g

仙草乾 ……… 50g

紅棗 ……… 6 顆

枸杞 ……… 1 大匙

薑片 ……… 3 片

水 ……… 2500c.c.

－調味料－

米酒 ……… 1 大匙

作法

1. 雞肉用滾水汆燙、洗淨；老菜脯、仙草乾洗淨，仙草乾裝入棉布袋；枸杞用米酒泡開，均備用。

2. 取一湯鍋，放入仙草乾、老菜脯及薑片，加入水中大火煮滾，蓋上鍋蓋轉小火慢燉 30 分鐘。

3. 再加入雞肉塊及紅棗煮滾，並撈除湯表面的浮渣，蓋上鍋蓋轉小火再燉 30 分鐘。

4. 取出仙草乾，加入枸杞 (連同浸泡的米酒)，好喝的老菜脯仙草雞湯即完成囉。

好好煮湯

如果實在買不到仙草乾，可以使用市場上無糖的仙草茶來煮，一樣很好吃唷。

魷魚螺肉蒜

乾魷魚泡軟後切條狀

材料 （4人份）

排骨 ……… 300g

冬筍 ……… 200g

乾魷魚 ……… 1 條

白蘿蔔 ……… 300g

蒜苗 ……… 4 根

蝦米 ……… 1 大匙

米酒 ……… 150c.c.

水 ……… 1200c.c.

螺肉罐頭 ……… 1 罐

作法

1. 排骨放入滾水汆燙、瀝乾；冬筍去殼、切成片狀；乾魷魚先用鹽水泡軟，切成條狀；白蘿蔔去皮後切塊；蒜苗切片（蒜白、蒜綠分開備用）。

2. 將汆燙過的排骨、白蘿蔔、冬筍、魷魚、蝦米、蒜白、米酒及水放入鍋中，開中小火煮滾，蓋上鍋蓋煮約 35 分鐘。

3. 開蓋後，倒入螺肉罐頭（含湯汁）再將湯頭煮滾，撈除表面的浮渣，續煮 5 分鐘，最後放入蒜綠即可。

好好煮湯

這道台灣最知名的酒家菜，好吃的秘訣就在於螺肉罐頭要選對，加入乾魷魚交織成很濃郁的特殊風味。水量如果使用豬骨鮮味高湯取代，則風味更佳。

PART 5

世界共和國，
超經典的異國湯品

義式、日式、泰式、韓式的異國湯品，

喝起來就像是周遊了列國，把旅行的滋味通通放進來。

Soup 01

蘑菇濃湯

材料（2 人份）

蘑菇 ……… 200g
馬鈴薯 ……… 200g
洋蔥 ……… 1/4 顆
西洋芹 ……… 1/2 根
蔬食素高湯 ……… 400c.c.

－ 調味料 －

鹽 ……… 1 小匙
黑胡椒粉 ……… 少許
橄欖油 ……… 1 大匙

作法

1. 將馬鈴薯去皮、切塊；蘑菇切片；洋蔥、西洋芹均切塊。

2. 熱鍋後加入 1 大匙橄欖油，放入洋蔥及蘑菇炒至上色，加入西洋芹及馬鈴薯塊拌炒均勻，倒入高湯以中大火煮滾。

3. 蓋上鍋蓋轉小火燉煮 15 分鐘，煮至蔬菜軟透後熄火，待稍微冷卻後再使用手拿攪拌器 (或果汁機) 打成濃湯狀。

4. 倒回鍋中以中小火將濃湯煮滾，加入鹽及黑胡椒粉做調味即可。

――― 好好煮湯 ―――

蘑菇濃湯拿來搭配著歐式麵包一起吃非常適合。
這道湯品不只大人喜歡喝，連小朋友也會愛上。

甜菜根羅宋湯

材料（4～6 人份）

牛肉塊 ……… 600g

牛番茄 ……… 5 顆

番茄罐頭 ……… 1 罐（約 450g）

洋蔥 ……… 1 顆

西洋芹 ……… 1 根

胡蘿蔔 ……… 1/2 根

甜菜根 ……… 1 顆（約 250g）

高麗菜 ……… 150g

牛大骨高湯 ……… 600c.c.

月桂葉 ……… 3 片

橄欖油 ……… 1 大匙

－ 調味料 －

鹽 ……… 適量

黑胡椒粉 ……… 1 小匙

作法

1. 將牛肉切塊狀；蔬菜全部切小塊；牛番茄底部劃十字，用滾水汆燙後再剝去外皮、切丁，均備用。

2. 準備一燉鍋，中火熱鍋後放入橄欖油、洋蔥丁先炒香，再加入牛肉塊拌炒上色。

3. 依序加入甜菜根丁、胡蘿蔔丁、西洋芹丁、牛番茄及番茄罐頭炒勻，加入高湯及月桂葉煮滾，蓋上鍋蓋後轉小火慢燉60 分鐘。

4. 打開鍋蓋，最後加入高麗菜一起燉煮，煮至牛肉和蔬菜都軟透了，再加鹽、黑胡椒粉調味即可。

好好煮湯

月桂葉稍微用手撕開，比較容易入味；甜菜根是很營養的超級蔬菜，但如果不喜歡甜菜根的特殊味道，也可以省略不加，改放一些高麗菜也很不錯喔！

日式豚汁味噌湯

材料 （4人份）

豬五花肉片 ……… 200g

蒟蒻絲 ……… 100g

洋蔥 ……… 1/4 顆

牛蒡 ……… 1/4 根

胡蘿蔔 ……… 80g

白蘿蔔 ……… 80g

青蔥 ……… 1 根

水 ……… 900c.c.

－調味料－

日式味噌醬 ……… 3 大匙

食用油 ……… 適量

作法

1. 青蔥切蔥花；洋蔥切絲；牛蒡、白蘿蔔、胡蘿蔔均去皮、切小片；豬肉切小片；蒟蒻絲用滾水汆燙、撈起，均備用。

2. 鍋中倒入少許食用油，放入洋蔥絲炒至透明狀，再放入豬肉片拌炒上色，加入蒟蒻絲、胡蘿蔔、白蘿蔔、牛蒡拌勻。

3. 倒入水煮滾，蓋上鍋蓋轉小火煮 5 分鐘，煮至蔬菜軟透後熄火，加入味噌調味、灑上蔥花即可享用。

好好煮湯

如果使用日式昆布小魚乾高湯或豬骨鮮味高湯來取代水，湯頭就會更有層次也更好喝。味噌可用濾網過篩，才不容易有結塊，熄火後再加，這樣可以保留香氣不流失，也不易產生酸味喔。

韓式大醬湯

材料（4 人份）

豬五花肉⋯⋯⋯200g

洋蔥⋯⋯⋯1/2 顆

白蘿蔔⋯⋯⋯150g

櫛瓜⋯⋯⋯1/2 根

豆腐⋯⋯⋯100g(1/2 盒)

鮮香菇⋯⋯⋯2 大朵

辣椒⋯⋯⋯1 根

蔥⋯⋯⋯1 根

蒜泥⋯⋯⋯1 大匙

水⋯⋯⋯600c.c.

－ 醬料 －

韓式味噌醬 (韓式大醬)⋯⋯⋯2 大匙

韓式辣椒醬⋯⋯⋯1 大匙

米酒⋯⋯⋯1 大匙

作法

1. 將醬料先拌勻；櫛瓜、辣椒、香菇、豆腐均切丁；豬五花肉切 2cm 大小片狀；洋蔥、白蘿蔔去皮、切片；青蔥切小段，均備用。

2. 熱油鍋，放入豬五花肉下鍋炒至上色，加入洋蔥及蘿蔔片拌炒均勻，再加入醬料炒至香氣釋出。

3. 加入水 600c.c.、櫛瓜及香菇煮滾後蓋上鍋蓋，轉小火燉煮約 10 分鐘。

4. 最後加入豆腐丁、蔥段及蒜泥、辣椒煮約 2 分鐘即可。

－ 好好煮湯 －

韓國人吃大醬湯口味變化可以很豐富，除了放豬肉片的口味外，也可以換成牛肉的牛肉大醬湯，或是放各種海鮮的海鮮大醬湯，吃起來各有風味。

義式番茄海鮮湯

材料 （4 人份）

大白蝦 ……… 4 尾

蛤蜊 ……… 20 顆

中卷 ……… 1 尾

大番茄 ……… 2 顆

洋蔥 ……… 1/2 顆

蒜頭 ……… 3 瓣

白葡萄酒 ……… 100ml

海鮮高湯 ……… 500c.c.

新鮮巴西里 ……… 一小把

橄欖油 ……… 1 大匙

－ 調味料 －

義式香料粉 ……… 1 小匙

鹽 ……… 1 小匙

黑胡椒粉 ……… 少許

作法

1. 洋蔥切絲；蛤蜊吐沙；蒜頭及巴西里葉切末 (梗留下備用)；番茄切塊；白蝦去頭、去殼；中卷切圈，均備用。

2. 熱鍋後加入橄欖油、洋蔥下鍋炒至透明，加入蒜末炒香，再加入蝦頭炒至上色，最後倒入白葡萄酒煮至酒精揮發。

3. 取出蝦頭後再加入番茄、高湯及巴西里梗煮滾，蓋上鍋蓋轉小火煮約 10 分鐘。

4. 加入蛤蜊煮約 2 分鐘，再依序加入中卷及白蝦，等蛤蜊煮至開口後，加入義式香料粉及鹽、黑胡椒粉調味，最後撒上巴西里葉即完成。

好好煮湯

巴西里如果有新鮮的自然最好，梗能熬煮，味道更濃郁，但是如果不方便購得，使用乾燥的巴西里也是可以的。

Soup 06

嫩雞鮮蔬濃湯

世界共和國，超經典的異國湯品

Soup 07

韓式風味蔘雞湯

材料 （4 ～ 6 人份）

雞胸肉 ……… 500g
洋蔥 ……… 1 顆
培根 ……… 2 片
馬鈴薯 ……… 2 顆
胡蘿蔔 ……… 1/2 根
白花椰菜 ……… 100g
綠花椰菜 ……… 100g
鴻喜菇 ……… 1 盒
蒜末 ……… 1 大匙
月桂葉 ……… 2 片
雞骨蔬菜高湯 ……… 800c.c.

－ 調味料 －

鹽 ……… 適量
黑胡椒粉 ……… 少許

－ 白醬 －

中筋麵粉 ……… 80g
鮮奶 ……… 500c.c.
鹽 ……… 1/2 大匙
黑胡椒粉 ……… 1/4 小匙
無鹽奶油 ……… 80g

作法

1. 雞胸肉、洋蔥及所有蔬菜食材均切丁；培根切碎，均備用。

2. 先製作白醬：開小火熱鍋，放入無鹽奶油煮至溶化，再放入麵粉炒勻，分次加入鮮奶 (鮮奶可先微波加熱後再使用)，拌炒成糊狀且無顆粒、滑順，最後加入鹽及黑胡椒粉調味即為白醬，備用。

3. 熱油鍋，放入培根、洋蔥炒香，再加入雞胸肉炒上色，依序放入胡蘿蔔及馬鈴薯拌炒，倒入雞高湯、月桂葉煮滾。

4. 蓋上鍋蓋轉小火煮約 20 分鐘，等蔬菜煮軟後再加入鴻喜菇及花椰菜下鍋續煮 5 分鐘。

5. 食材煮軟後再加入鹽及黑胡椒粉做調味，最後加入炒好的白醬調整濃度就完成囉。

－ 好好煮湯

炒白醬時要注意火候，不要用太大的火以免麵粉和鮮奶燒焦。炒好的白醬如果還有小結塊，也可用濾網來過篩會更滑順。沒使用完的白醬冷藏可保存 2 至 3 天，不只可以煮濃湯，也可以做白醬義大利麵或焗烤奶油白菜喔。

材料（4 人份）

小土雞………1 隻（約 600 ～ 800g）

栗子………8 顆

蒜頭………3 瓣

薑片………3 片

蔘鬚………2 根

蔥花………適量

米酒………1 大匙

鹽………2 小匙

胡椒粉………1 小匙

水………1200c.c.

－ 調味料 －

糯米………100g(先浸泡 1 小時備用)

栗子………5 顆

蒜頭………3 瓣（切片）

－ 米漿材料 －

糯米………3 大匙 (先浸泡 1 小時備用)

花生粉………2 大匙

熟白芝麻粒………1 大匙

水………150c.c.

作法

1. 蒜頭切片；土雞洗淨，修剪一下肥油，均備用。

2. 小土雞放入滾水中汆燙去血水、擦乾，將蒜頭片、糯米、栗子填入雞肚，用料理棉繩將雞腳環綁緊讓餡料不會掉出。

3. 準備一燉鍋，放入土雞及栗子 8 顆、蒜頭 3 瓣、薑片 3 片、蔘鬚 2 根，倒入水 1200c.c.，中火煮滾後蓋上鍋蓋轉小火慢燉 1 小時。

4. 燉煮同時，使用果汁機將米漿材料打成米漿狀，等土雞燉煮至軟嫩之後再倒入米漿煮開，最後加入米酒、鹽及胡椒粉、蔥花即可。

─ 好好煮湯

一般來說這道湯品會使用水蔘，水蔘也名原蔘，是一種新鮮高麗人蔘，未經過加工，所以營養更好被人體吸收，且帶著清香的滋味，只是台灣較不容易購買，真的買不到可以用乾燥的蔘鬚或是人蔘片代替。

泰式酸辣湯

材料 （4 人份）

鮮蝦⋯⋯⋯8 尾

蛤蜊⋯⋯⋯12 顆

草菇⋯⋯⋯6 朵

小番茄⋯⋯⋯8 顆

辣椒⋯⋯⋯1 根

檸檬汁⋯⋯⋯1 顆

南薑⋯⋯⋯3 片（乾燥的南薑亦可）

香茅⋯⋯⋯2 根

檸檬葉⋯⋯⋯3 片（乾燥的亦可）

海鮮高湯⋯⋯⋯500c.c.

－調味料－

泰式酸辣湯醬⋯⋯⋯1 包（市售包裝）

魚露⋯⋯⋯1 大匙

椰糖⋯⋯⋯1 小匙（砂糖亦可）

作法

1. 鮮蝦切開蝦背、去腸泥；蛤蜊吐沙、洗淨；香茅拍裂；草菇及小番茄均切半；檸檬葉略撕開使其香氣釋出。

2. 熱油鍋，放入鮮蝦炒至半熟，取出、備用；原鍋倒入海鮮高湯，加入香茅、南薑、檸檬葉、草菇及小番茄，以中火煮滾。

3. 放入泰式酸辣湯醬拌勻為湯底，再加入糖、魚露、檸檬汁及蛤蜊再煮滾，最後加入半熟的鮮蝦煮熟即完成。

好好煮湯

椰糖取自於椰子，椰絲、椰汁加入紅蔗糖熬煮而成，帶有一股清甜特殊香氣，印尼、馬來西亞、泰國等國家均有生產，用在東南亞料理上相當適合。

西班牙番茄冷湯

材料 （2 人份）

中型紅番茄 ········ 5 顆

紅甜椒 ········ 1/2 顆

黃甜椒 ········ 1/2 顆

蒜頭 ········ 2 瓣

鄉村麵包 ········ 1 片（先切小塊用烤箱烤至金黃色）

小黃瓜丁 ········ 適量

開水 ········ 適量

－ 調味料 －

紅酒醋 ········ 1 大匙

初榨橄欖油 ········ 1 大匙

匈牙利紅椒粉 ········ 1/2 小匙

鹽 ········ 1/2 小匙

胡椒粉 ········ 1/4 小匙

作法

1. 番茄底部劃十字，入滾水汆燙一下去除外皮，與彩椒均切塊。

2. 番茄及彩椒倒入果汁機中加少許水打成濃湯狀，再加入調味料提味。

3. 先將冷湯放入冰箱冷藏更能釋出蔬果酸甜滋味，食用前冷湯放上麵包丁及小黃丁即可。

好好煮湯

紅酒醋亦可用其他水果醋或風味醋來替代；中型紅番茄的話可以使用牛番茄，但是要挑選紅一點的完熟番茄風味最佳。

墨西哥辣味肉丸湯

材料 （4人份）

洋蔥 ……… 1/2 顆

大番茄 ……… 2 顆

彩椒 ……… 1 顆

蒜末 ……… 1 大匙

香菜 ……… 1 株

豬骨鮮味高湯 ……… 1500c.c.

－調味料－

紅椒粉 ……… 1 小匙

奧勒岡香料粉 ……… 1 小匙

鹽 ……… 適量

Tabasco ……… 1 大匙（辣椒汁）

－絞肉餡料－

豬絞肉 ……… 400g

白米 ……… 50g

雞蛋 ……… 1 顆

麵包粉 ……… 50g

鹽 ……… 1 小匙

黑胡椒粉 ……… 1 小匙

紅椒粉 ……… 1 小匙

作法

1. 將彩椒用爐火或是烤箱將外皮烤焦黃，去皮後切丁；番茄底部畫十字，放入滾水中汆燙去皮、切丁；香菜略切，均備用。

2. 絞肉餡料全部混合，拌打至有黏性，捏成丸子狀。

3. 鍋中加 1 大匙油中火熱油鍋，放入洋蔥、蒜末炒香，再依序加入番茄丁及彩椒丁拌炒均勻，加入高湯、丸子及調味料一起煮滾，蓋上鍋蓋轉小火燉煮 20 分鐘至丸子入味，灑上香菜即完成。

好好煮湯

拌打肉餡時要順同一個方向攪打至有黏性，才會 Q 彈。

泡菜豬肉豆腐鍋

材料 （2 人份）

五花肉塊 ……… 100g

五花肉火鍋肉片 ……… 100g

豆腐 ……… 1 盒

韓式泡菜 ……… 120g

雞蛋 ……… 1 顆

鴻喜菇 ……… 1/2 包

胡蘿蔔 ……… 1/3 根

洋蔥 ……… 半顆

青蔥 ……… 1 根

蒜末 ……… 1 大匙

洗米水 ……… 600c.c.

－ 調味料 －

韓式辣椒醬 ……… 1 大匙

韓式味噌醬 ……… 1 大匙 (韓式大醬)

芝麻香油 ……… 1 大匙

作法

1. 五花肉切片；洋蔥切絲；青蔥切段；豆腐切厚片狀；胡蘿蔔切片，均備用。

2. 中火熱鍋後放入芝麻香油、五花肉炒至油脂釋出，再放入洋蔥絲拌炒至透明狀，再放入蒜末、蔥段、韓式辣椒醬、味噌醬及泡菜炒香，再倒入洗米水煮滾。

3. 依照個人喜好放入胡蘿蔔、豆腐、五花肉火鍋肉片、鴻喜菇等材料，蓋上鍋蓋轉小火燜煮 10 分鐘。

4. 打開鍋蓋後打入 1 顆雞蛋即完成。

好好煮湯

洗米水可用洗米時第二次之後的洗米水，或是使用米穀粉來調製米漿水，使用洗米水可以緩和泡菜鍋湯汁微辣口感，還具有勾芡效果。

法式南瓜濃湯

材料 （4 人份）

南瓜 ……… 500g

洋蔥 ……… 1/2 顆

胡蘿蔔 ……… 1 根

培根 ……… 2 片

蒜末 ……… 1/2 大匙

雞高湯 ……… 400c.c.

奶油 ……… 20g

月桂葉 ……… 1 片

ー 調味料 ー

動物性鮮奶油 ……… 200c.c.

黑胡椒粉 ……… 1/3 小匙

鹽 ……… 1 小匙

作法

1. 南瓜去皮、去籽後切薄片；洋蔥切塊；胡蘿蔔切片；培根切碎。

2. 中火熱鍋後放入奶油、培根炒至油脂釋出，放入蒜末炒香，加入洋蔥炒至透明狀。

3. 放入南瓜片、月桂葉及雞高湯中火煮滾，蓋上鍋蓋轉小火燉煮約 15 分鐘。

4. 煮至蔬菜軟透後熄火，取出月桂葉，再使用手拿攪拌器打成濃湯狀。

5. 倒回鍋中再開小火煮滾，加入鮮奶油及鹽、黑胡椒粉做調味即可。

好好煮湯

濃湯大多要打成泥狀，使用手持攪拌器或是果汁機拌打狀都可以，但要注意稍微等湯冷卻，以免危險或弄壞機器。

南洋叻沙海鮮湯

材料（2 人份）

雞胸肉 ……… 200g

大白蝦 ……… 5 尾

中卷 ……… 1 尾

椰漿 ……… 200g

海鮮高湯 ……… 400c.c.

洋蔥絲 ……… 50g

九層塔葉 ……… 一小把

辣椒 ……… 1 根

檸檬角 ……… 1/2 顆

－調味料－

糖 ……… 1 小匙

叻沙醬 ……… 100g

－雞肉醃料－

鹽 ……… 1 小匙

胡椒粉 ……… 1 小匙

米酒 ……… 1 小匙

太白粉 ……… 1/2 大匙

作法

1. 雞胸肉切條狀，用醃料抓醃 10 分鐘；鮮蝦開背、去腸泥；中卷去除內臟後切圈，均備用。

2. 中小火熱油鍋後，放入蝦頭、蝦殼下鍋炒至上色，再加入叻沙醬炒香，倒入海鮮高湯轉中火煮滾，取出蝦頭及蝦殼。

3. 加入椰漿、糖，雞胸肉下鍋煮至半熟，再依序加入洋蔥絲及海鮮料煮滾後轉小火，最後加入辣椒、九層塔葉提味，要喝之前再擠上檸檬汁增添香氣即可。

好好煮湯

喜歡滋味酸一點的，檸檬可以多加一些，煮的時候加一些，要喝之前再擠入一些也可以。平常蝦頭可留起來放冷凍，下次要煮海鮮湯時可拿來煉蝦高湯增添風味。

美式燉雞湯

材料 （4 人份）

雞胸肉 ……… 400g

豬腰內肉 ……… 100g

洋蔥 ……… 1 顆

胡蘿蔔 ……… 1/2 根

西洋芹 ……… 1 根

木薯 ……… 150g

蒜頭 ……… 3 瓣

水 ……… 1200c.c.

－ 調味料 －

白胡椒粉 ……… 1 小匙

鹽 ……… 1 小匙

作法

1. 雞胸肉、豬肉切塊，放入滾水中汆燙、撈起；洋蔥、西洋芹切塊；胡蘿蔔及木薯去皮、切塊，均備用。

2. 準備一湯鍋，放入洋蔥及蒜頭鋪底，依序再放入雞肉、豬肉及蔬菜，倒入水，開中火煮滾。

3. 蓋上鍋蓋轉小火煮 20 分鐘，煮至蔬菜都軟透再加入調味料即可。

好好煮湯

加入木薯是這道菜的靈魂，脆脆的口感更能增添這道美式燉雞湯的豐富層次。

蛤蜊巧達濃湯

材料 （1 人份）

蛤蜊 ⋯⋯ 20 顆

培根 ⋯⋯ 1 片

馬鈴薯 ⋯⋯ 1 顆

洋蔥 ⋯⋯ 1/4 顆

胡蘿蔔 ⋯⋯ 1/3 根

中筋麵粉 ⋯⋯ 2 大匙

海鮮高湯 ⋯⋯ 300c.c.

鮮奶 ⋯⋯ 150c.c.

— 調味料 —

鹽 ⋯⋯ 適量

黑胡椒粉 ⋯⋯ 適量

作法

1. 蛤蜊吐沙、洗淨；洋蔥、胡蘿蔔、馬鈴薯均去皮、切丁；培根切細絲。

2. 鍋中放 1.5 米杯水（份量外）煮滾，放入蛤蜊煮至開口，取出蛤蜊肉且保留湯汁備用。

3. 熱炒鍋後放入培根炒出油脂，再放入洋蔥炒至透明狀，加入胡蘿蔔和馬鈴薯丁拌炒至熟軟，再加入麵粉炒勻。

4. 加入海鮮高湯、鮮奶及蛤蜊湯汁煮滾，放回蛤蜊肉再試試味道，可依照口味加入少許的鹽、黑胡椒粉調味。

好好煮湯

蛤蜊先取出肉比較方便食用，這道湯品甜甜的，小朋友也都非常喜歡唷。

PART 6

全家人一起圍爐，
吃熱呼呼火鍋

湯頭道地，就是經典火鍋最重要的關鍵。

只要全家大聚在一起，

不管是二人、四人或是十大，立刻就能大快朵頤。

菌菇養生鍋

材料（2 人份）

金針菇 ⋯⋯⋯ 1/2 包

鴻喜菇 ⋯⋯⋯ 1 包

黑美人菇 ⋯⋯⋯ 1/2 盒

杏鮑菇 ⋯⋯⋯ 1 根

豆腐 ⋯⋯⋯ 1/2 盒

甜玉米 ⋯⋯⋯ 1 根

乾香菇 ⋯⋯⋯ 2 朵

紅蘿蔔 ⋯⋯⋯ 1/2 根

蔬食素高湯 ⋯⋯⋯ 800c.c.

蔬菜 ⋯⋯⋯ 適量

－調味料－

味噌 ⋯⋯⋯ 1.5 大匙

作法

1. 乾香菇泡軟，菇類均切去蒂頭，撥成小朵或切塊；玉米、紅蘿蔔去皮、蔬菜均切塊。

2. 取一湯鍋，放入乾香菇、玉米及紅蘿蔔、素高湯煮滾。

3. 再加入所有的菇類、豆腐、蔬菜煮滾，過篩網加入味噌調味即可。

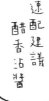

速配建議
醋香沾醬

> 醋香沾醬作法：果醋 2 大匙、日式醬油 1 大匙、細砂糖 1 小匙、檸檬少許，將所有材料混勻即可。

沙茶石頭火鍋

材料 （2 人份）

豬骨鮮味高湯 ········ 1200c.c.

蒜末 ········ 1 大匙

洋蔥 ········ 1/2 顆

青蔥 ········ 1 根

豬五花肉片 ········ 150g

蛤蜊 ········ 12 顆

大白菜 ········ 適量

番茄 ········ 1 顆

菇類、火鍋料、蔬菜 ········ 均適量

芋頭 ········ 4 塊

－ 調味料 －

沙茶醬 ········ 1 大匙

－ 醃肉調味料 －

醬油 ········ 1/2 大匙

胡椒粉 ········ 1 小匙

米酒 ········ 1 大匙

作法

1. 青蔥切段；洋蔥切絲；番茄切塊；大白菜略切；豬五花肉片用醃料先抓醃 15 分鐘。

2. 取一淺湯鍋，開中小火熱油鍋，放入蒜末、蔥白、洋蔥爆香，再加入豬肉片炒至半熟，肉片盛起備用。

3. 原鍋中加入沙茶醬拌炒香，再加入大白菜、高湯，轉中大火煮滾，再依序放入番茄、芋頭、菇類及喜歡的火鍋料煮滾。

4. 最後加入海鮮、豬肉片及蔬菜煮熟即可。

速配建議
沙茶蒜辣沾醬

沙茶蒜辣沾醬作法：沙茶醬 2 大匙、醬油 1 大匙、烏醋 1 小匙、細砂糖 2 小匙、芝麻香油 1 小匙、冷開水 1 大匙、蔥花及辣椒末、蒜末各適量，全部拌在一起就完成囉。

韓式部隊鍋

材料 （2 人份）

牛梅花肉片 ……… 150g

板豆腐 ……… 1 大塊

午餐肉 ……… 1/2 罐

拉麵 ……… 1 份

起司片 ……… 1 片

韓式泡菜、韓式年糕各 ……… 100g

青蔥 ……… 2 根

青菜 ……… 適量

雞蛋 ……… 1 顆

牛骨高湯 ……… 800c.c.

－ 調味料 －

韓式辣椒醬 ……… 1 大匙

韓式辣椒粉 ……… 1/2 大匙

醬油 ……… 1/2 大匙

蒜泥 ……… 1/2 大匙

糖 ……… 1 小匙

作法

1. 板豆腐切塊；午餐肉切片；青蔥、青菜切段；調味料拌勻，均備用。

2. 取一淺湯鍋，放入拉麵及起司片除外的所有食材，倒入高湯和拌好的調味料煮滾。

3. 煮至食材熟了，放入拉麵及起司片，打入雞蛋後煮滾，拉麵煮至喜歡的軟硬度即可。

拉麵可以使用市售泡麵，挑選耐煮的麵條都適合；這道韓式部隊鍋除了使用牛骨高湯之外，換成日式昆布小魚乾高湯也很對味喔。

麻辣豆腐鍋

材料 （2 人份）

火鍋肉片 ……… 150g

豆干 ……… 2 大塊

鴨血 ……… 1 大塊

米血糕 ……… 1 大塊

豆皮 ……… 適量

白蘿蔔 ……… 150g

青蔥 ……… 1 根

洋蔥 ……… 1/3 顆

火鍋料 ……… 適量

蔬菜 ……… 適量

－ 麻辣鍋底 －

市售麻辣鍋底醬 ……… 2 大匙

麻辣滷包 ……… 1 包

醬油 ……… 1/2 大匙

豬骨鮮味高湯 ……… 800 ～ 1000c.c.

作法

1. 將豆腐、米血糕、鴨血均切塊；白蘿蔔去皮、切塊，均備用。

2. 取一淺湯鍋，中火熱油鍋，放入蔥白、洋蔥下鍋拌炒至香氣釋出，再加入麻辣鍋底醬及醬油拌炒香，倒入高湯，加入麻辣滷包煮滾。

3. 放入白蘿蔔、豆干、鴨血、米血糕小火燉煮約 30 分鐘入味，再放入其他食材，煮至喜歡的熟度即可。

速配建議
麻辣鍋沾醬

麻辣鍋沾醬作法：白醋 2 大匙、芝麻香油 1 大匙、蒜末 1 大匙、蒜苗 1 大匙，將蒜苗切末，再加入所有材料拌勻即可。

起司鮮奶火鍋

材料（2人份）

鮮奶 ……… 400c.c.

起司片 ……… 4 片

海鮮高湯 ……… 400c.c.

洋蔥絲 ……… 60g

培根丁 ……… 30g

火鍋肉片 ……… 150g

鮮蝦 ……… 6 尾

中卷 ……… 1 隻

蛤蜊 ……… 12 顆

高麗菜 ……… 150g

菇類、蔬菜 ……… 各適量

作法

1. 蝦子剪除鬚、去腸泥；中卷除去內臟、切段；蛤蜊吐沙；高麗菜及蔬菜略切；菇類切除根部，撥小塊，均備用。

2. 中火熱油鍋，放入洋蔥、培根炒香，再加入蝦子、中卷炒至半熟後，先起鍋備用。

3. 放入高麗菜鋪底，倒入鮮奶及高湯煮滾，再依序放入火鍋肉片、海鮮、菇類及蔬菜

4. 煮至食材熟了，放入起司片即可。

鮮奶起司鍋湯頭濃郁鮮美，通常不太需要沾醬，只是鮮奶比較容易因為加熱就燒焦，在煮的時候要特別小心攪拌唷。

Soup 06

石狩鍋

材料 （2 人份）

鮭魚排 ⋯⋯⋯ 200g

大白菜 ⋯⋯⋯ 150g

洋蔥 ⋯⋯⋯ 1/3 顆

青蔥 ⋯⋯⋯ 1 根

豆腐 ⋯⋯⋯ 1 大塊

蛤蜊 ⋯⋯⋯ 10 顆

鴻喜菇 ⋯⋯⋯ 1 包

火鍋料 ⋯⋯⋯ 適量

日式昆布小魚乾高湯 ⋯⋯⋯ 800c.c.

－ 調味料 －

味噌 ⋯⋯⋯ 1.5 大匙

作法

1. 鮭魚排 (或是魚腹肉) 切塊；洋蔥、大白菜、豆腐切塊；青蔥切末；蛤蜊吐沙乾淨。

2. 中火熱鍋，放入洋蔥、蔥白炒香，以大白菜鋪底後倒入高湯煮滾，味噌用過濾網篩入湯中調味。（有些人也會在土鍋內緣，也就是鍋緣處塗抹一圈味噌醬，這樣在烹煮的過程中味噌會慢慢釋放在湯頭裡，更別有一番風味。）

3. 放入鮭魚肉、蛤蜊、豆腐及所有食材煮滾後即可。

速配建議
胡麻味噌醬

胡麻味噌醬作法：白芝麻醬 2 大匙、味噌 1 大匙、細砂糖 2 小匙、芝麻香油 1 小匙，將所有材料先混合均勻，再依照喜歡的濃稠度加入冷開水調勻即可。

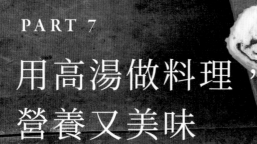

PART 7

用高湯做料理，
營養又美味

平常週末多煮一些高湯冷藏或冷凍，善用高湯入菜，
就能快速地做出一道道好吃的料理。

越式生牛肉河粉

材料 （1 人份）

牛肉薄片 ……… 100g

河粉 ……… 1 人份

辣椒片 ……… 少許

豆芽 ……… 20g

洋蔥絲 ……… 20g

九層塔葉 ……… 適量

檸檬片 ……… 2 片

牛骨高湯 ……… 適量

— 調味料 —

鹽 ……… 適量

作法

1. 牛骨高湯煮滾，加少許鹽調味；河粉放入滾水中汆燙至 9 分熟，撈起；再放入豆芽菜燙至 6～7 分熟、撈起，均備用。

2. 取一大湯碗，放入河粉、豆芽、牛肉薄片，擺上洋蔥絲、九層塔葉、辣椒片。

3. 趁熱倒入滾燙的牛骨高湯，食用前再擠上檸檬汁增添香氣即可。

好好煮湯

牛骨高湯一定要煮至滾燙，才能燙熟肉片，如果不喜歡吃太生的牛肉，記得肉片要切的夠薄才好燙熟。

海苔玉子燒

材料 （1人份）

雞蛋 ……… 3 顆

海苔片 ……… 1 大片

日式昆布小魚乾高湯 ……… 30c.c

－ 調味料 －

日式美乃滋 ……… 1 大匙

味醂 ……… 1 小匙

鹽 ……… 少許

食用油 ……… 適量

作法

1. 雞蛋打散，加入高湯、美乃滋、味醂和少許的鹽拌勻，備用。

2. 玉子燒鍋或平底鍋倒入少許食用油，用廚房紙巾將油塗抹均勻，倒入約 1/3 蛋汁，蛋汁大約鋪滿鍋面一層的量即可。

3. 等蛋液稍微凝固，放入一半的海苔片，再慢慢捲起（由上方往內捲起）。

4. 第一層捲起後，鍋內再塗抹少許食用油，再倒入 1/3 蛋汁，放入海苔片重複捲起，一共三次即可。

─ 好好煮湯 ─

起鍋後等稍微冷卻，建議使用壽司竹捲簾輔助玉子燒成型，然後再切片，這樣做就能讓蛋捲定型的很好看。

茶碗蒸

材料 （2 人份）

雞蛋 ········ 3 顆

日式昆布小魚乾高湯 ········ 250c.c.

鴻喜菇 ········ 少許

胡蘿蔔片 ········ 2 片

甜豌豆 ········ 2 根

蝦仁 ········ 2 尾

魚肉片 ········ 4 片

－ 調味料 －

醬油 ········ 1 小匙

味醂 ········ 1 小匙

鹽 ········ 1/2 小匙

作法

1. 雞蛋打散加入鹽、味醂、醬油、高湯拌勻，用濾網過篩 2 ～ 3 次。

2. 在茶碗蒸小碗中放入魚肉片，再倒入蛋液約至 8 ～ 9 分滿。

3. 水滾後，把小碗放入蒸鍋，蒸鍋鍋蓋邊夾一根筷子，讓蒸鍋露出點空隙，中小火先蒸 10 分鐘，再放上胡蘿蔔片、蝦仁及甜豌豆、鴻喜菇蒸約 2 分鐘即可起鍋。

─── 好好煮湯 ───

蛋液用濾網過篩 2 ～ 3 次，這樣口感才會滑嫩，如果不過篩蒸出的蛋就容易有孔洞；鴻喜菇使用香菇或是其他菇類代替都可以。蒸碗上建議加蓋子或是覆蓋錫箔紙，可防止水蒸氣滴落。

日式鍋燒烏龍

材料（1 人份）

日式昆布小魚乾高湯 ········ 500c.c.

烏龍麵 ········ 1 包

鮮蝦 ········ 3 尾

蛤蜊 ········ 5 顆

中卷 ········ 80g

雞蛋 ········ 1 顆

魚板 ········ 2 片

青菜 ········ 適量

蔥花 ········ 適量

－ 調味料 －

柴魚醬油 ········ 1/2 大匙

鹽 ········ 少許

作法

1. 鮮蝦開蝦背、去腸泥；中卷去內臟、切圈；蛤蜊吐沙洗淨；青菜切段，均備用。

2. 取一小湯鍋，倒入日式昆布小魚乾高湯開中小火煮滾，放入烏龍麵、海鮮料及調味料再煮滾。

3. 最後加入雞蛋、青菜，灑上蔥花即可熄火。

好好煮湯

煮的時候除了小湯鍋，也可以使用小砂鍋、土鍋等，保溫性較好，直接端上桌熱騰騰的更美味。

餛飩雞湯麵

材料 （1人份）

雞骨蔬菜高湯 ········ 450c.c.

餛飩 ········ 6 ～ 8 顆

麵條 ········ 1 人份

小白菜 ········ 1 小把

蔥花 ········ 1 大匙

油蔥酥 ········ 1 大匙

— 調味料 —

鹽 ········ 適量

胡椒粉 ········ 少許

作法

1. 煮一鍋滾水，放入麵條、餛飩分別煮至八分熟、撈起。

2. 同時另起一鍋，放入高湯煮滾，再加少許的鹽調味。

3. 加入麵條、餛飩、小白菜煮滾，灑上蔥花、油蔥酥、胡椒粉調味即可。

┌─ 好好煮湯 ─

小白菜也可以替換成青江菜或是其他喜歡的蔬菜，如果喜歡芹菜風味的，加一些芹菜珠也很對味。

滑蛋牛肉粥

材料 （1 人份）

白飯 ……… 1 碗

牛肉片 ……… 100g

雞蛋 ……… 1 顆

蔥花 ……… 1 大匙

牛骨高湯 ……… 600c.c.

－醃料－

鹽 ……… 小匙

米酒 ……… 1 大匙

太白粉 ……… 1/2 大匙

胡椒粉 ……… 1/2 匙

－調味料－

鹽 ……… 適量

白胡椒粉 ……… 適量

作法

1. 牛肉片加入醃料抓醃入味；雞蛋打散成蛋汁。

2. 取一湯鍋，倒入高湯煮滾，再加入白飯煮至變粥狀。

3. 加入牛肉片、調味料煮滾，淋上蛋汁，待蛋液稍微凝固時灑上蔥花即可。

───── 好好煮湯

牛肉片可以使用培根牛肉或雪花牛等火鍋肉片都可以，用調味料抓醃過的牛肉片會較入味，煮成牛肉粥更好吃。

廣式炒麵

材料 （1 人份）

雞蛋麵 ……… 1 人份

蝦仁 ……… 6 尾

花枝 ……… 80g

干貝 ……… 3 顆

甜豌豆 ……… 3 ～ 5 片

彩椒 ……… 1/4 顆

蒜末 ……… 1 大匙

米酒 ……… 1 大匙

太白粉水 ……… 適量

豬骨鮮味高湯 ……… 60c.c.

－ 調味料 －

蠔油 ……… 1 大匙

糖 ……… 1/2 小匙

鹽 ……… 少許

胡椒粉 ……… ㄔ少許

作法

1. 煮一鍋滾水，放入甜豌豆汆燙、撈起；再放入雞蛋麵煮軟，撈起瀝乾，起另一油鍋，放入煮好的雞蛋麵煎至兩面金黃後盛盤，備用。

2. 原鍋放少許油，爆香蒜末，再放入海鮮炒至半熟，加入甜椒、甜豌豆後沿鍋邊倒入米酒、調味料拌炒。

3. 加入高湯煮滾，用少許太白粉水勾薄芡後即可淋在雞蛋麵上享用。

料真的好多好豐富阿～

好好煮湯

太白粉水的比例通常是 1：2(粉：水)，但是勾芡時不需要太厚太稠，才能讓醬料和麵體融合。

上湯娃娃菜

材料 （1 人份）

娃娃菜 ┄┄┄ 4 顆

鴻喜菇 ┄┄┄ 1 包

雞骨蔬菜高湯 ┄┄┄ 300c.c.

太白粉水 ┄┄┄ 適量

蔥花 ┄┄┄ 1 大匙

－ 調味料 －

鹽 ┄┄┄ 適量

作法

1. 將娃娃菜剝成片狀洗淨；鴻喜菇切去底部，剝成小朵，均備用。

2. 取一砂鍋，放入娃娃菜鋪底，再擺上鴻喜菇，倒入高湯煮滾，轉小火煨煮約 6 ～ 8 分鐘至入味。

3. 加鹽調味，最後淋上少許太白粉水勾薄芡，再灑上蔥花即可。

好好煮湯

娃娃菜幾乎是進口的，市場價很少波動，所以餐廳也大多很喜歡使用娃娃菜，用來煨煮或是入湯都很適合，運用非常廣泛。

菇菇滑蛋燴飯

材料 （1 人份）

白飯 ……… 1 碗

雞骨蔬菜高湯 ……… 80c.c.

鴻喜菇 ……… 1/2 包

美白菇 ……… 1/2 包

蛋汁 ……… 1 顆

雞胸肉絲 ……… 80g

蒜末 ……… 1/2 大匙

蔥花 ……… 1 大匙

太白粉水 ……… 適量

— 醃料 —

醬油 ……… 1 小匙

太白粉 ……… 1/2 大匙

胡椒粉 ……… 1/2 小匙

— 調味料 —

鹽 ……… 適量

作法

1. 鴻喜菇、美白菇底部切掉、剝成小朵；雞肉絲用醃料抓醃入味，均備用。

2. 起油鍋，放入蒜末爆香，加入雞肉絲炒至半熟，再放入菇類、高湯煮滾後加鹽調味。

3. 倒入太白粉水勾薄芡，再淋上蛋汁煮至凝結，最後灑上蔥花即可淋在白飯上一起享用。

好好煮湯

雞胸肉絲可以買整塊的雞胸肉回來自行切成絲狀，以逆紋切的方式口感更佳，由於雞胸肉的口感比較柴，用醃料稍微醃漬後會更好。

元氣蔥雞湯

材料 （1人份）

去骨雞腿肉 ⋯⋯ 1 隻

蔥 ⋯⋯ 2 根

雞骨蔬菜高湯 ⋯⋯ 500c.c.

蒜片 ⋯⋯ 10g

枸杞 ⋯⋯ 少許

－ 調味料 －

米酒 ⋯⋯ 1 大匙

鹽 ⋯⋯ 適量

芝麻香油 ⋯⋯ 1/2 大匙

作法

1. 去骨雞腿肉放入滾水中汆燙、撈起切塊；蔥成蔥花；枸杞稍微沖洗。

2. 鍋中倒入芝麻香油加熱，放入蒜片炒香，再放入雞肉塊拌炒上色。

3. 加入米酒去腥，再放入枸杞及高湯煮滾後以少許鹽調味，等雞肉熟透，灑入蔥花就完成囉。

── 好好煮湯 ──

大蒜可以切片，也可以整瓣使用；因為是蔥雞湯，所以可以加入滿滿的蔥花，提味增鮮，還能補充滿滿元氣唷。

滿足館
Appetite

069

AMY 的私人廚房，你今天喝湯了嗎？

作　　　者	─	Amy（張美君）
製 作 協 力	─	琦琦
責 任 編 輯	─	黃佳燕
封 面 設 計	─	Rika Su
內 頁 設 計	─	Rika Su
印　　　務	─	江域平、黃禮賢、李孟儒、林文義

總 編 輯	─	林麗文
副 總 編	─	梁淑玲、黃佳燕
主　　編	─	高佩琳
行 銷 企 劃	─	林彥伶、朱妍靜

社　　　長	─	郭重興
發 行 人 兼 出 版 總 監	─	曾大福
出 版 者	─	幸福文化出版
發　　　行	─	遠足文化事業股份有限公司
地　　　址	─	231 新北市新店區民權路 108-2 號 9 樓
電　　　話	─	（02）2218-1417
傳　　　真	─	（02）2221-3532
郵 撥 帳 號	─	19504465
戶　　　名	─	遠足文化事業股份有限公司
印　　　刷	─	呈靖彩藝有限公司
法 律 顧 問	─	華洋國際專利商標事務所　蘇文生律師
初 版 一 刷	─	2022 年 01 月
定　　　價	─	450 元

Amyの私人廚房：你今天喝湯了嗎？ Amy's
kitchen / 張美君作. -- 初版. -- 新北市：幸福
文化出版社出版：遠足文化事業股份有限公司
發行, 2022.01
ISBN 978-626-7046-23-4(平裝)

1.食譜 2.烹飪 3.湯
427.1　　　　　　　　　　　　110021351

幸福
文化

23141 新北市新店區民權路 108-2 號 9 樓

遠足文化事業股份有限公司 收

請沿此虛線對折黏貼後，直接投入郵筒寄回

寄回函抽好禮

請詳填本書回函卡並寄回，就有機

會抽中法國品牌 Staub 人氣鍋款！

活動期間即日起至 2022 年 4 月 1 日止（以郵戳為憑）
得獎公布 2022 年 4 月 15 日公布於「幸福文化臉書粉絲專頁」

Staub 圓型鑄鐵鍋 18cm
芥末黃

市價 $7100　※ 2 個名額

Staub 琺瑯鑄鐵飯鍋 16cm
白色

市價 $7700　※ 2 個名額

Staub 圓形琺瑯鑄鐵鍋 16cm
亞麻色

市價 $7200　※ 2 個名額

1. 本活動由幸福文化主辦，幸福文化保有修改與變更活動之權利。 2. 本獎品寄送僅限台、澎、金、馬地區。3. 請留意來電電話 02-2218-1417 及垃圾郵件，我們將以人工提醒您，若超過 2022 年 5 月 31 日未連繫上，將取消其得獎資格，不另抽備取。

讀者回函卡

感謝您購買本公司出版的書籍，您的建議就是幸福文化前進的原動力。請撥冗填寫此卡，我們將不定期提供您最新的出版訊息與優惠活動。您的支持與鼓勵，將使我們更加努力製作出更好的作品。

讀者資料

姓名：＿＿＿＿＿＿＿＿＿＿＿＿　性別：□男　□女

年齡：＿＿＿＿＿＿＿＿＿＿＿歲　Email：＿＿＿＿＿＿＿＿＿＿＿

聯絡電話：(日)＿＿＿＿＿＿＿＿＿　(夜)＿＿＿＿＿＿＿＿＿

通訊地址：□□□ - □□ ＿＿＿＿＿＿＿＿＿＿＿＿＿＿＿＿

職業：□學生　□生產、製造　□金融、商業　□傳播、廣告　□軍人、公務　□教育、文化
　　　□旅遊、運輸　□醫療、保健　□仲介、服務　□自由、家管　□其他

購書資料

① 您如何購買本書？

　　實體書店：＿＿＿＿＿縣市　＿＿＿＿＿書店

　　網路書店：□博客來　□金石堂　□誠品　□PCHome　□讀冊　□其他

② 您從何處知道本書？

　　□一般書店　□網路書店（＿＿＿＿＿書店）

　　□量販店　□報紙　□廣播　□電視　□朋友推薦　□其他

③ 購買本書的主要原因是？

　　□喜歡作者　□對內容感興趣　□工作需要　□其他

④ 您對本書的評價：(請填代號 1. 非常滿意 2. 滿意 3. 尚可 4. 待改進)

　　□定價　□內容　□版面編排　□印刷　□整體評價

⑤ 您的閱讀習慣：

　　□生活風格　□閒旅遊　□健康醫療　□美容造型　□兩性　□文史哲

　　□藝術　□百科　□圖鑑　□其他

⑥ 您是否願意加入幸福文化 Facebook：□是　□否

⑦ 您最喜歡作者在本書中的哪一個單元：＿＿＿＿＿＿＿＿＿＿＿＿＿＿

⑧ 您對本書或本公司的建議：＿＿＿＿＿＿＿＿＿＿＿＿＿＿＿＿＿

加入臉書社團　我愛 Staub 鑄鐵鍋
展現廚藝　共賞美鍋

多才多藝社友
精彩貼文

Erica Wu

馮英嵐

孫夢莒

黃芬

Anny Chuang

Jessica Lu

週週有料理直播

 可可

 曉芃

 Eddi

Jane

---

f 我愛Staub鑄鐵鍋

加入臉書「我愛STAUB鑄鐵鍋」社團，
跟愛好者一起交流互動，欣賞彼此的料理與美鍋，
並可參加社團舉辦料理晒圖抽獎活動。

只要一匙 美味瞬間升級
北海道直送 調味極品

北海道
根昆布濃縮高湯

從日本直送來台的北海道根昆布濃縮高湯，主要由根昆布與鰹魚萃取提煉並熬煮而成。
昆布熱量低、礦物質豐富，不論炒菜或煮湯，只要在料理中加一小匙，即刻享有美味的料理。

高湯怎麼使用呢?
☑ 做為鍋物的湯底使用，使湯頭更加鮮甜
☑ 代替鹽及味素，炒菜時加一點，就能帶出蔬菜本身的清甜
☑ 用來醃漬肉品，能使肉質更為軟嫩美味
☑ 還能當作基底調和醬汁，讓醬汁更有層次

更多資訊請至官網 www.cyanplusgroup.com

| 粹。廚。趣
Selected Fun Market

客服專線：(02) 8751-9961
客服時間：平日 9:00~18:00

立即加入官網會員
獲得$100購物金！

官網